CSIC

CATARATA

Marte y el enigma de la vida

Juan Ángel Vaquerizo

CSIC

CATARATA

Catálogo de publicaciones de la Administración General del Estado:
https://cpage.mpr.gob.es

Diseño gráfico de cubierta: Carlos Del Giudice

isbn (csic): 978-84-00-10701-7
isbn electrónico (csic): 978-84-00-10702-4
isbn (catarata): 978-84-1352-084-1
isbn electrónico (catarata): 978-84-1352-085-8
nipo: 833-20-168-8
nipo electrónico: 833-20-169-3
depósito legal: M-26.606-2020
thema: PDZ/1ZMCF

"Hasta el viaje más largo
comienza con un solo paso".
Proverbio chino

Índice

PREFACIO

¿Por qué Marte es tan importante?

¿Quién no ha mirado alguna vez al cielo estrellado y se ha sentido insignificante ante la inmensidad del universo que nos rodea? Todos esos puntos brillantes han despertado la curiosidad de los seres humanos desde tiempos inmemoriales, pero hay uno en concreto que ha ejercido sobre nosotros una atracción irresistible. Se trata del planeta Marte. Ya desde que hace milenios las antiguas civilizaciones dirigieran su mirada al firmamento y vieran en su característico brillo rojizo fuegos candentes o dioses guerreros, Marte ha impulsado, a partes iguales, la imaginación y el afán de conocimiento de la humanidad.

¿Qué hace que este planeta sea tan especial? Marte es importante porque ha estado siempre ahí, ante nuestros ojos, dispuesto a ofrecer respuestas a los grandes enigmas, provocando un profundo impacto en la cultura e impulsando de modo decisivo el avance de la ciencia en los últimos siglos.

Los primeros pasos de la astronomía como ciencia se fundamentaron en la observación sistemática de los movimientos de los astros en general y en la de los planetas en particular. El término *planeta*, que es de origen griego, significa 'errante', y refleja el hecho de que se trataba de puntos brillantes en el cielo que no seguían el movimiento del resto de estrellas del firmamento, sino que se movían de manera extraña o errática en el cielo. A lo largo de los siglos, los astrónomos observaron cada vez más minuciosamente las posiciones de los planetas en el cielo con el objetivo de encontrar un modelo interpretativo del universo que fuera capaz de explicar los movimientos de los astros.

Todas las grandes civilizaciones de la Antigüedad desarrollaron modelos basados en la observación directa del firmamento, y en todos ellos Marte ocupaba un lugar destacado. Los primeros modelos de los que ha quedado constancia aparecieron hacia el siglo IV a. C. y se componían de un sistema de esferas concéntricas con la Tierra, situada en el centro del universo. Estos primeros modelos geocéntricos, sin embargo, no se ajustaban con las observaciones, pues no eran capaces de explicar los movimientos que algunos planetas, como Marte, describían en ciertos periodos del año.

Este desajuste se convirtió en un verdadero quebradero de cabeza para los astrónomos, que trataron de encajar los complicados movimientos de los planetas utilizando figuras "perfectas", esferas y círculos, al considerar que eran las únicas adecuadas para describir los movimientos de los astros. De este modo, los modelos geocéntricos sufrieron sucesivas modificaciones a lo largo de los siglos, hasta que en el siglo II d. C. se propuso un modelo geocéntrico que utilizaba un complicadísimo sistema de círculos dentro de otros círculos, denominados epiciclos, deferentes y ecuantes, en un intento definitivo por *encajar* las observaciones. El modelo geocéntrico de epiciclos, con muy ligeras modificaciones, se mantuvo vigente casi ¡quince siglos! a pesar de que no terminaba de encajar perfectamente con las observaciones.

Esto llevó a los astrónomos a buscar explicaciones más sencillas del movimiento de los planetas. Las observaciones minuciosas del movimiento de Marte resultaron decisivas y condujeron, a lo largo del siglo XVI, a las sucesivas propuestas de dos soluciones que resultaron cruciales y definitivas. La primera, propuesta a mediados de dicho siglo, fue la adopción del modelo heliocéntrico, ya propuesto en el siglo III a. C., que situaba al Sol en el centro del universo. Y la segunda, de finales del siglo, fue la adopción de la trayectoria elíptica para encajar los movimientos de los planetas, con el Sol en uno de sus focos. Desde ese instante, a finales del siglo XVI, se abandonaron los dos grandes principios que se habían mantenido vigentes hasta entonces: las órbitas circulares y el modelo geocéntrico. La Tierra, y con ella el ser humano, abandonaba para siempre el centro del universo, y todo ello gracias a las observaciones visuales recopiladas durante siglos del movimiento del "excéntrico" planeta rojo.

Muy poco tiempo después, en los inicios del siglo XVII, apareció por vez primera un instrumento que estaba destinado a ampliar nuestro conocimiento del universo como ningún otro hasta la fecha: el telescopio. Gracias a este, en los siglos posteriores, los astrónomos descubrieron un nuevo Marte, que pasó de ser un punto rojo brillante en el cielo a convertirse en un disco rojizo lleno de interrogantes. Sus zonas oscuras se interpretaron, al igual que en la Luna, como mares y océanos; sus casquetes polares indicaban la presencia de agua congelada, y su eje inclinado, de estaciones. Se trazaron mapas, se cartografió su superficie y sus cambios de tonalidad entre rojiza y grisácea a lo largo del tiempo se asociaron a la existencia de vegetación y, por lo tanto, de vida. Marte se había convertido, con la ayuda del telescopio, en un planeta hermano y posiblemente habitado, en el que la humanidad volvía a proyectar sus fantasías.

En la segunda mitad del siglo XIX y comienzos del XX los avances en la construcción de telescopios, cada vez mejores y más potentes, permitieron a los astrónomos observar con un detalle sin precedentes la superficie del planeta. La incorrecta traducción al inglés de la palabra italiana *canali*, con la que inicialmente se denominaron las estructuras lineales que los astrónomos (italianos) creyeron ver en la superficie de Marte, por *canals* (en lugar del término *channels*, mucho más acertado), determinó que se creyese que se trataba de canales *artificiales* construidos por una avanzada civilización marciana. Estas estructuras, a ojos de los astrónomos, no eran sino canales de irrigación construidos, aparentemente, con el propósito de conectar las supuestas zonas yermas del sur con el gran océano boreal.

El gran interés por el estudio de Marte dio lugar, en la primera mitad del siglo XX, a la aparición de un arraigado imaginario popular sobre el planeta rojo. Alimentado por un sinfín de novelas, programas de radio y películas de ciencia ficción, Marte se mostraba como un planeta habitado por seres inteligentes, poseedores de una avanzada tecnología muy superior a la humana, cuya civilización luchaba denodadamente por conservar el agua como recurso vital en un planeta moribundo. ¿Cómo se pudo llegar a esta situación? No cabe duda de que la atracción que ejerce Marte sobre el ser humano es irresistible.

Estas teorías sobre un planeta Marte habitado se mantuvieron en mayor o menor medida hasta el primer sobrevuelo realizado con éxito por una nave espacial en los años sesenta del siglo XX. Las imágenes enviadas a la Tierra mostraban claramente un planeta inhóspito y árido, plagado de cráteres, sin rastro alguno de océanos, vegetación, canales o civilizaciones avanzadas. Pero lo que parecía ser el epílogo de la fascinación del ser humano por Marte se convirtió, como así había sido a lo largo de los siglos, en el prólogo para lo que sería el siguiente capítulo de esta historia.

Las primeras naves espaciales que se situaron en órbita alrededor de Marte y comenzaron a explorar y analizar su superficie en detalle mostraron una imagen del planeta rojo, de nuevo, fascinante: además de cráteres, había volcanes enormes, cañones gigantescos y lo que, con toda probabilidad, parecían ser cauces secos por los que pudo haber discurrido el agua en el pasado.

Uno de los descubrimientos fundamentales de la exploración robótica marciana ha sido, precisamente, constatar que Marte fue, anteriormente, bastante parecido a la Tierra, con abundante agua líquida en su superficie. En la actualidad sabemos que Marte es el más habitable de los planetas a nuestro alcance, por lo que su estudio es fundamental para entender el origen de la vida. Marte es, sin duda, uno de los mejores escenarios, si no el mejor, para demostrar la existencia de vida fuera de la Tierra.

Desde que conseguimos colocar robots exploradores en su superficie, no ha dejado de crecer el interés por desvelar los enigmas que esconde. Estamos viviendo momentos cruciales en la exploración marciana. Tanto es así que el primer ser humano que pise Marte ya ha nacido y todo apunta a que algunos de los grandes enigmas que aún esconde el planeta rojo podrían ser resueltos gracias a la exploración humana de Marte prevista para las próximas décadas. En ese momento histórico, nos convertiremos en una especie planetaria y, parafraseando al escritor estadounidense Ray Bradbury, "nosotros seremos los marcianos". Y como una cápsula del tiempo, querido lector, espero que recuerdes estas líneas cuando seas testigo de ese histórico momento, ¡incluso si eres quien da ese paso!

La llegada al planeta Marte va a ser el siguiente gran salto de la humanidad, la siguiente etapa de la exploración humana, quizá impulsada por ese instinto de supervivencia o por el afán de conquista de nuevos entornos que los organismos vivos llevan impreso en sus genes. Se trata del próximo entorno por explorar, el resultado lógico de la vida abriéndose camino en el universo. Quién sabe si no lo ha hecho ya.

CAPÍTULO 1
Un planeta cercano y hermano

Marte es un planeta de tipo rocoso. En el Sistema Solar, los cuatro planetas más cercanos al Sol (Mercurio, Venus, la Tierra y Marte) son de este tipo, mientras que los cuatro más alejados (Júpiter, Saturno, Urano y Neptuno) son de tipo gaseoso o helado. Los planetas rocosos, también llamados telúricos o terrestres, tienen una estructura interior bastante similar en todos ellos, con un núcleo metálico, un manto de silicatos alrededor y una corteza rocosa sólida cuya superficie presenta una morfología plagada de cráteres, montañas, valles y volcanes. Poseen, además, atmósferas más o menos densas que están influidas por la actividad geológica y, en el caso de la Tierra, por la actividad biológica.

Hay también otros cuerpos en el Sistema Solar con características similares a las de los planetas terrestres, como algunas de las lunas de mayor tamaño del Sistema Solar, algún planeta enano como Ceres, el mayor de los objetos del cinturón de asteroides y los denominados objetos transneptunianos, más allá de la órbita de Neptuno (de ahí su nombre) y con Plutón, otro planeta enano, entre ellos. Puede que durante la formación y evolución temprana del Sistema Solar hubiera muchos más planetesimales de tipo terrestre en las regiones interiores, pero es muy probable que, a lo largo del tiempo, se fusionaran entre sí o fueran destruidos tras colisionar con otros mayores hasta que solo quedaron los cuatro planetas terrestres actuales.

Marte, en números

Marte es el cuarto planeta del Sistema Solar en el orden de cercanía al Sol. Tomando como referencia la distancia media de la Tierra al Sol, conocida como unidad astronómica (UA) y con un valor de unos 150 millones de km, la distancia media de Marte al Sol es una vez y media mayor que la de la Tierra, es decir, 1,5 UA o unos 229 millones de km. Por el contrario, la distancia entre Marte y la Tierra es variable a lo largo del tiempo, debido al movimiento relativo de ambos planetas respecto del Sol. El momento de la separación mínima entre ambos planetas, conocido como oposición (con ambos planetas "del lado opuesto" al del Sol y formando una línea imaginaria Sol-Tierra-Marte), es de unos 55,7 millones de km. Por el contrario, en la conjunción, esto es, cuando ambos planetas están lo más alejados posible entre sí, con el Sol situado entre ambos, la distancia es de unos 401 millones de km. Por lo tanto, si alguien nos pregunta: ¿a qué distancia estamos de Marte?, la respuesta sería algo como: la distancia a Marte, *en estos momentos*, es de (un número comprendido entre 55,7 y 401) millones de kilómetros.

Marte gira en torno a su eje con un periodo de 24,6 horas. El día solar marciano tiene una duración de 24 horas, 39 minutos y 32,55 segundos, lo que se conoce como sol, y es, aproximadamente, un 3% más largo que el día solar terrestre. La duración del año marciano es también mayor que el terrestre, pues al estar más alejado, describe su órbita alrededor del Sol más lentamente que la Tierra. En concreto, un año marciano tiene 668,6 soles, lo que equivale a 687 días terrestres. Esta mayor duración del año hace que las estaciones en

Marte tengan una mayor duración que las terrestres, de unos tres meses cada una. Entonces, ¿hay también estaciones en Marte? Pues sí, en Marte se producen estaciones a lo largo del año debido a que el eje de rotación de Marte también está inclinado respecto al plano de la eclíptica (el plano imaginario en el que los planetas del Sistema Solar giran alrededor del Sol). Esta inclinación del eje, conocida como oblicuidad, es de 25,2° en Marte, un poco mayor que los 23,4393° de la Tierra. Además, la órbita de Marte es más excéntrica que la terrestre, con una excentricidad de 0,0933941, bastante mayor que la de la órbita terrestre, de solo 0,01671123. La órbita más elíptica de Marte provoca que sus estaciones tengan duraciones muy diferentes entre sí, de manera que las primaveras marcianas en el hemisferio norte y los otoños en el hemisferio sur duran 194 soles (son las estaciones más largas). Las estaciones más cortas en Marte son los otoños en el hemisferio norte y las primaveras en el sur, con una duración de *solo* 142 soles. Los inviernos en el hemisferio norte y los veranos en el sur duran 154 soles; y, finalmente, los veranos en el hemisferio norte y los inviernos en el sur duran 178 soles.

Marte es el segundo planeta más pequeño del Sistema Solar, solo más grande que Mercurio y casi la mitad de pequeño que la Tierra. Su radio ecuatorial es de 3.390 km, frente a los 6.371 km de la Tierra. Tiene un décimo de la masa de la Tierra, con una densidad media un poco menor que la terrestre: 3,943 g/cm^3 frente a 5,513 g/cm^3. La gravedad superficial marciana es, aproximadamente, un tercio de la terrestre (3,71 m/s^2 frente a 9,81 m/s^2), por lo que, en Marte, pesaríamos un tercio de lo que pesamos en la Tierra. Además, la velocidad de escape marciana necesaria para *escapar* de su campo gravitatorio es aproximadamente la mitad de la terrestre (18.108 km/h frente a 40.284 km/h). Este último es un dato importante para las agencias espaciales que estén planificando viajes de ida y vuelta a nuestro vecino rojo en un futuro cercano, pues nos indica que las necesidades de combustible son menores para despegar desde Marte en un hipotético viaje de regreso a la Tierra.

Mercurio y Venus no cuentan con satélites naturales o lunas; la Tierra tiene uno, la Luna, y Marte tiene dos satélites naturales, llamados Fobos y Deimos. Las lunas de Marte reciben sus nombres de la mitología griega: Fobos significa 'miedo' y Deimos significa 'terror', y son los nombres de los caballos que tiraban del carro de Ares, el dios griego de la guerra, equivalente al dios romano Marte. Otras fuentes indican que se trataba de sus hijos. De cualquier modo, caballos o hijos, seguro que contaban con el amor incondicional de Ares.

Fobos, con una forma irregular y un tamaño de unos 22 km es, aproximadamente, el doble de grande que Deimos, también de forma irregular y unas seis veces más ligero que su *hermano mayor*. Como le ocurre a la Luna con la Tierra, Fobos y Deimos están acoplados por las fuerzas de marea con Marte, de modo que siempre muestran la misma cara hacia el planeta. El material oscuro que se ha observado en sus superficies es del mismo tipo que el observado en objetos del cinturón de asteroides, por lo que se cree que se trata de asteroides que fueron capturados por la gravedad marciana.

Fobos se desplaza alrededor de Marte a unos 6.000 km de distancia de su superficie y se mueve a gran velocidad, describiendo una órbita en unas 7,5 horas, o casi tres órbitas completas alrededor de Marte cada sol. Esto produce un efecto curioso para un observador que se encuentre en la superficie marciana: ¡Fobos sale por el oeste y se pone por el este! Y este curioso efecto se repite cada 11 horas.

Deimos está más alejado de Marte, a unos 20.000 km, y describe una órbita completa en unas 30,3 horas (1,2 soles, aproximadamente). Ambas lunas se desplazan por el cielo en sentidos contrarios, con Fobos eclipsando a Deimos en repetidas ocasiones. Y hablando de eclipses, un observador en Marte podrá ver un eclipse lunar de Fobos cada noche, y podrá ver eclipses solares de Fobos o de Deimos, no llegando a ser totales en ningún caso debido al pequeño tamaño angular de las lunas en el cielo, que solo ocultan parcialmente el disco solar (y eso a pesar de que, al estar más lejos, el disco solar se vea desde Marte la mitad de pequeño que visto desde la Tierra).

Una mala noticia. Debido a las fuerzas de marea, Fobos está cayendo inexorablemente hacia Marte, unos 2 m por siglo, de manera que terminará impactando contra el planeta rojo en unos 50 millones de años. Puede que algo parecido haya ocurrido ya en el pasado, a la vista de algunas cadenas de cráteres descubiertas en zonas ecuatoriales de Marte, que podrían ser el resultado del impacto de los restos de antiguas lunas que han sido previamente fragmentadas por las fuerzas de marea antes del impacto final. Este fenómeno de fragmentación por las fuerzas de marea produjo, entre el 16 y el 22 de julio de 1994, el impacto en Júpiter de los 21 fragmentos a los que quedó reducido el cometa Shoemaker-Levy 9. Esperemos que un lector del futuro lea esto a tiempo y pueda ser testigo desde la Tierra o avisar a quien corresponda... en Marte.

Un corazón todavía palpitante

Podemos decir que, hoy en día, la estructura interior de Marte es una gran incógnita. A pesar de ello, se pueden plantear hipótesis asumiendo que Marte es un planeta rocoso. En el inicio de la formación de los planetas, la gravedad es la que manda. Durante la formación de un planeta rocoso, la gravedad va acumulando el gas y el polvo primigenios en un proceso conocido como acreción o acrecimiento, que libera gran cantidad de energía y produce un aumento de la presión y la temperatura del material que forma el protoplaneta, que se calienta y se funde.

Este material acumulado por el acrecimiento inicia un proceso paulatino de separación de los diferentes componentes. Los materiales más densos del protoplaneta se hunden hacia el centro, mientras que los menos densos, por flotación, ascienden hacia la superficie; este proceso se denomina diferenciación. El resultado final de la diferenciación planetaria es la separación de los materiales en capas concéntricas de diferente composición y estado físico: el núcleo, el manto y la corteza.

En general, el núcleo de los planetas rocosos está formado por los elementos más densos y pesados, como el níquel y el hierro, mientras que los compuestos más ligeros como las rocas (la mayoría de ellas silicatos), ascienden hacia la superficie y forman los mantos y las cortezas. En la Tierra, la mayoría del hierro se acumuló en el núcleo durante la diferenciación, pero en Marte, más pequeño y con menor masa, el proceso de diferenciación fue ligeramente diferente y el hierro quedó mucho más repartido entre las diferentes capas, incluida la corteza. Precisamente, el hierro de la corteza ha ido formando, durante millones de años, óxidos de hierro de tonalidades rojizas y grisáceas que han dado ese color característico a la superficie marciana.

En el caso de la Tierra, el núcleo metálico posee dos capas, un núcleo interno sólido y otro externo, líquido. Son precisamente los movimientos convectivos del níquel y hierro fundidos del núcleo externo los que crean el campo magnético global. La magnetosfera terrestre es el resultado del denominado efecto dinamo que crean los movimientos convectivos en el núcleo fluido junto con el efecto Coriolis[1] producido por la rotación planetaria. Cuando un fluido conductor se desplaza por un campo magnético ya existente, aparecen corrientes eléctricas inducidas, creando otro campo magnético. Cuando este campo inducido se añade al campo preexistente, el efecto es idéntico al que se presenta en una dinamo: el campo total se sostiene a sí mismo.

1. Debido a la rotación de la Tierra, los objetos que se desplazan sobre la superficie del planeta sufren el denominado efecto Coriolis, que curva la dirección de su movimiento. Como la Tierra gira de oeste a este, el efecto Coriolis desvía la dirección hacia la derecha en el hemisferio norte y hacia la izquierda en el sur.

La densidad de Marte, menor que la de la Tierra, pero ligeramente superior a la de los silicatos, hace suponer que posee un núcleo metálico, aunque seguramente sea de menor tamaño que el terrestre. El campo magnético actual de Marte, unas 10.000 veces más débil que el terrestre, posiblemente sea el remanente de un antiguo campo magnético global más intenso, ya que hay regiones de la corteza que conservan una ligera magnetización residual. Es probable, por tanto, que, en sus primeras etapas, el interior de Marte estuviera lo bastante caliente como para tener un núcleo líquido y generar corrientes de convección en el núcleo y también en el manto. La existencia de dichas corrientes en el núcleo generaría un campo magnético global, mientras que las corrientes de convección en el manto producirían actividad tectónica en el planeta. Seguramente, el rápido enfriamiento del interior (al ser Marte más pequeño, su ritmo de enfriamiento es mayor que en la Tierra) hizo desaparecer estas corrientes, provocando la progresiva desaparición de la actividad volcánica y tectónica superficial, así como la pérdida de su campo magnético global.

Se considera que la estructura interior de Marte está compuesta por un núcleo metálico sólido que ocupa los primeros 1.500-2.100 km y que está predominantemente compuesto por hierro, níquel y silicio, por un manto de silicatos que ocupa unos 1.240-1.880 km y por una corteza con un espesor de unos 10-50 km compuesta principalmente por hierro, magnesio, aluminio, calcio y potasio.

En noviembre de 2018, la misión InSight de la NASA (Interior exploration using Seismic Investigations, Geodesy and Heat Transport, 'exploración del interior utilizando investigaciones sísmicas, geodésicas y de transporte de calor') aterrizó en Marte con el objetivo de estudiar el interior del planeta (de ahí el nombre de la misión, 'introspección', en inglés). Los instrumentos a bordo estaban diseñados para examinar la estructura, la composición y el estado térmico de Marte, y los primeros datos obtenidos han sido sorprendentes: han revelado que

Marte es todavía un planeta activo, desde el punto de visto geofísico. En sus primeros diez meses de estudio, el sismómetro a bordo ha registrado casi 200 eventos sísmicos, que si bien no se trata de eventos de gran intensidad (solo 24 de esos terremotos alcanzan intensidades entre 3 y 4, y no se ha registrado todavía ninguno por encima de intensidad 4) indican de manera inequívoca que Marte es todavía activo sísmicamente. No menos importantes han sido las medidas realizadas por el magnetómetro, pues el campo magnético local detectado es diez veces mayor que el previsto, lo que es completamente inesperado. Estos recientes resultados indican que Marte guarda muchas sorpresas por desvelar en su interior, todavía palpitante.

MeteoMarte: curso breve de climatología marciana

La atmósfera de Marte está compuesta, prácticamente, por dióxido de carbono, CO_2, con un 95,3%, por nitrógeno molecular, N_2, con un 2,6%, y por argón, con alrededor de un 2%. También contiene pequeñas cantidades de vapor de agua, monóxido de carbono, óxido de nitrógeno, hidrógeno, oxígeno y otros gases nobles, como neón, xenón o kriptón. A estos gases habría que añadirles el metano, detectado por primera vez en 2004 por la misión Mars Express. Se trata de un gas de gran trascendencia astrobiológica puesto que su presencia en la atmósfera terrestre es debida a la actividad biológica. En el caso de Marte, ha dado lugar a una gran controversia por no haberse confirmado, por el momento, su presencia inequívoca en la atmósfera (volveremos al *misterio del metano marciano* en uno de los próximos capítulos). La composición atmosférica, junto con la mayor o menor cantidad de polvo en suspensión, le dan al cielo marciano una tonalidad asalmonada característica, más o menos intensa, que podemos ver en las numerosas imágenes que, desde la superficie, han enviado a la Tierra las misiones que han aterrizado en Marte.

La atmósfera de Marte es muy tenue, unas 100 veces menos densa que la terrestre, con una presión media superficial de solo 6 milibares, apenas un 0,6% de la terrestre, cuyo valor es de 1.013 milibares. Al igual que Venus y la Tierra, Marte tampoco posee una atmósfera primigenia, sino que esta ha ido evolucionando a lo largo del tiempo. Se considera que Marte debió de tener en el pasado una atmósfera mucho más densa y caliente, que explicaría las huellas de antiguos flujos de agua líquida en su superficie. La transición desde una atmósfera primigenia densa, húmeda y templada a la tenue, seca y fría actual debió de ocurrir hace miles millones de años.

Hay un par de causas que pueden explicar la baja densidad de la atmósfera marciana actual. Por un lado, está la pequeña masa del planeta, un 10% de la masa terrestre, que es insuficiente para retener la hipotética atmósfera densa primigenia, y que provoca una pérdida de gases que se ha ido produciendo a lo largo del tiempo. En la actualidad, Marte está perdiendo su atmósfera a un ritmo de 100 kg por segundo. Por otro lado, está la pérdida, hace miles de millones de años, de un campo magnético global existente, que dejó la atmósfera a merced del viento solar, una corriente de partículas de alta energía provenientes del Sol. La presión ejercida por el viento solar durante millones de años pudo ser más que suficiente para arrancar las moléculas más ligeras de la atmósfera marciana y enviarlas al espacio, convirtiéndola en la atmósfera extremadamente tenue que existe en la actualidad.

Ya hemos visto que el parecido en los movimientos celestes de Marte y la Tierra hace que el clima marciano y el de la Tierra presenten grandes similitudes en su ciclo diario y en la secuencia anual de estaciones. Sin embargo, la mayor distancia de Marte al Sol hace que, en una órbita completa, Marte reciba solo la mitad de la radiación solar que recibe la Tierra. La atmósfera tenue, la mayor distancia al Sol y también la ausencia de océanos que ayuden a la regulación térmica hacen que Marte sea mucho más frío que la Tierra, con una temperatura media de -60 °C. Además, Marte experimenta un gran contraste estacional de temperaturas y una amplitud térmica diurna muy pronunciada, con diferencias entre el día y la noche que pueden llegar a los 100 °C, y con mínimas nocturnas que pueden bajar fácilmente, en invierno, de los -100 °C.

Durante el invierno marciano, las temperaturas en las regiones polares son lo suficientemente bajas (llegando a alcanzar los -152 °C) como para que el dióxido de carbono atmosférico se condense en forma de hielo seco (nombre que recibe comúnmente la nieve carbónica) y precipite formando unos brillantes casquetes polares, que sufren cambios drásticos de tamaño a lo largo del año marciano. Podemos decir, por tanto, que en invierno nieva en las regiones polares de Marte, aunque no se trate de nieve de agua, sino de pequeñas partículas de hielo seco que crean más un efecto de niebla que se deposita, que de nieve que precipita. La acumulación de hielo seco hace que los casquetes polares aumenten su espesor entre 1,5 y 2 m y que llegue a extenderse hasta los 60° de latitud durante el invierno.

Los casquetes polares marcianos no están solamente formados de hielo seco, sino que, en su base, están formados por una mezcla de hielo de agua y polvo, dispuestos a modo de estratos. El casquete sur está a mayor altitud y es más frío que el norte. En ambos casos, la capa de hielo de agua puede alcanzar hasta los 3 km de espesor, y constituye lo que se denomina casquete polar perpetuo o residual, pues nunca llega a desaparecer. El casquete polar norte residual alcanza los 1.100 km de diámetro, mientras que el sur es más pequeño, con cerca de 400 km de extensión. Se trata de una cantidad estimable de agua. Para hacerse una idea, la cantidad de hielo de agua acumulada en el casquete polar norte se estima en un tercio del hielo acumulado en Groenlandia.

Durante la primavera y el verano, el hielo seco de los casquetes sublima, regresando de nuevo a la atmósfera. Se estima que alrededor de un 30% del dióxido de carbono atmosférico total se condensa durante el invierno en los casquetes polares. La masa total de CO_2 intercambiada entre los polos y la atmósfera es tan grande que llega incluso a provocar variaciones en la gravedad superficial del planeta.

En el hemisferio norte, el aumento de temperaturas hace que la capa de hielo seco desaparezca por completo durante el verano, llegando a dejar expuestas las capas perpetuas de hielo de agua que hay debajo y provocando que el hielo de agua sublime y pase a la atmósfera en forma de vapor de agua. En el hemisferio sur, en cambio, dada la menor duración del verano, la temperatura se mantiene lo suficientemente baja como para permitir que la cobertura de hielo seco sobreviva al verano y no llegue nunca a desaparecer por completo. Por último, mientras que el casquete polar residual norte coincide con el polo geográfico, el casquete polar residual sur está ligeramente desplazado respecto del polo geográfico sur marciano, debido a que la presencia de la cuenca de Hellas Planitia modifica la dinámica atmosférica global de la región polar y causa la asimetría observada.

Aunque hemos visto que es muy tenue, la atmósfera marciana es muy dinámica. Otra de las características estacionales de Marte es la presencia de vientos que, ocasionalmente, producen tormentas de polvo. Estas levantan pequeñas partículas de polvo de la superficie y las redistribuyen por todo el planeta. El polvo marciano está formado por partículas con un diámetro medio de 1,5 micras (o milésimas de milímetro), unas 30 veces menor que el grosor de un cabello humano, y puede considerarse un componente importante de la atmósfera, capaz de influir en el clima marciano. A nivel local, la turbulencia atmosférica produce también remolinos de polvo. Estos torbellinos, formados por columnas de aire ascendente con polvo en rotación y conocidos como demonios de polvo (*dust devils*, en inglés), han sido captados en algunas imágenes tomadas por los robots que han aterrizado en Marte.

Las tormentas regionales de polvo son comunes en Marte, sobre todo durante la primavera y el verano australes. En ese momento Marte está más próximo a Sol y la radiación solar incidente alcanza su máximo en el hemisferio sur. Estas tormentas tienen una duración media de un par de días, pudiendo llegar a cubrir grandes áreas, incluso del tamaño del continente europeo. Aunque en Marte la intensidad del viento puede superar los 100 km/h, las tormentas de polvo que azotan la superficie son mucho más débiles que en la Tierra. La tenue atmósfera marciana no sería capaz de crear los estragos que, en la Tierra, producen los vientos huracanados. Para hacerse una idea, un viento de más de 100 km/h en Marte equivaldría a un viento de menos de 20 km/h en la Tierra, una ligera brisa. Un pequeño *spoiler*: en *Marte (The Martian)*, la tormenta de polvo con la que comienza la película no podría, en la realidad, provocar los daños que se ven.

A veces, y de manera periódica, estas tormentas regionales pueden extenderse y llegar a cubrir todo el planeta, convirtiéndose en la llamada tormenta global de polvo, que puede tener una duración de meses. Se trata de las tormentas de polvo más intensas de todo el Sistema Solar. La primera tormenta global de polvo observada coincidió con la llegada a Marte de la misión Mariner 9 de la NASA, el 14 de noviembre de 1971. Las primeras imágenes de la superficie marciana enviadas por la sonda mostraron un planeta completamente cubierto por el polvo. Hubo que esperar un par de meses, hasta mediados de enero de 1972, para que la tormenta remitiera y la sonda pudiera comenzar a tomar imágenes de la superficie. Ahora sabemos que las tormentas globales de polvo son fenómenos cíclicos que se repiten con una periodicidad comprendida entre 6 o 10 años terrestres (entre 3 y 5 años marcianos). Desde la primera tormenta global de polvo observada en 1971, se han observado posteriormente en 1977 (dos veces), 1982, 1994, 2001, 2007 y, la más reciente, en 2018. Esta última, que dio comienzo el 30 de mayo y duró hasta mediados de septiembre de ese mismo año, ha podido ser estudiada con mucho detalle gracias a la gran cantidad de naves en órbita y robots en la superficie presentes en Marte durante la misma. Por desgracia, también provocó el fin de los 14 años de funcionamiento del pequeño vehículo con ruedas róver Opportunity de la NASA que, en su segunda tormenta global de polvo (ya vivió la de 2007), no pudo superar el "apagón" de varios meses provocado por la tormenta y no fue posible volver a "encenderlo" después de la tormenta.

Actualmente, se considera que los cambios estacionales que se observan en Marte se deben a la disminución de los casquetes polares, al polvo que se desplaza en la atmósfera y al intercambio de vapor de agua entre la superficie y la atmósfera (la mayor parte del vapor de agua proviene de la sublimación de la capa de hielo de agua del casquete polar norte, que queda expuesto cuando sublima el hielo seco que lo cubre durante el verano).

Para terminar, un apunte final para los amantes de los atardeceres. Los robots que han aterrizado en la superficie de Marte han enviado un buen número de fotografías de atardeceres y lo que muestran son unos inesperados tonos azulados en el cielo, en contraste con los tonos rojos y anaranjados de los atardeceres terrestres.

La geografía marciana: areografía

Desde los años sesenta del siglo XX, la exploración planetaria ha permitido aumentar el conocimiento sobre la geología de Marte. Gracias a las naves espaciales que han sobrevolado u orbitado el planeta, tenemos en la actualidad un gran conocimiento sobre los accidentes geográficos y las características superficiales. Se dispone de una enorme cantidad de imágenes que muestran, con gran detalle, la superficie de Marte, identificando en ella volcanes, cañones, antiguos lechos de ríos, canales de descarga y vastas regiones salpicadas de cráteres. Todos estos elementos permiten establecer los diferentes procesos geológicos que han tenido lugar a lo largo del tiempo, modelando el planeta rojo a escala global: vulcanismo, actividad tectónica, acción del agua líquida y del hielo y, claro está, impactos de meteoritos.

La geografía de Marte se conoce con el nombre de areografía, término proveniente de Ares, y consiste en la caracterización y cartografiado de las regiones de Marte. Comenzamos nuestro viaje por los paisajes marcianos. ¡Bienvenidos al AreoTour!

Antes de comenzar el viaje, es necesario que establezcamos un par de referencias areográficas que nos permitan posicionarnos en el planeta. La primera es la latitud y longitud marcianas, y la segunda es la altitud.

El ecuador marciano está definido por la rotación del planeta, pero la localización de su meridiano cero (el equivalente marciano del meridiano de Greenwich terrestre) fue especificada, como pasó aquí en la Tierra, mediante la elección de un punto arbitrario que fue aceptado a partir de entonces. Los astrónomos alemanes Wilhelm Beer y Johann Heinrich von Mädler (hablaremos de ellos más adelante) escogieron como punto de referencia un pequeño accidente circular que identificaron en la superficie de Marte cuando presentaron, entre 1830 y 1832, el primer mapa global del planeta rojo publicado hasta entonces. En 1877, el astrónomo italiano Giovanni Schiaparelli (también hablaremos de él más tarde) mantuvo esa elección como meridiano cero cuando publicó el primero de sus numerosos mapas de Marte.

Cuando la misión Mariner 9 llegó a Marte, la enorme cantidad de imágenes que obtuvo a lo largo de 1972 permitió cartografiar con gran detalle la superficie marciana y establecer una red planetográfica más precisa. Se eligió entonces un pequeño cráter, más tarde denominado Airy-0, localizado en Sinus Meridiani a lo largo de la línea de Beer y Mädler, como el lugar correspondiente a la longitud 0,0°. Para medir la longitud geográfica en la superficie de Marte se usa la longitud planetocéntrica, medida a partir del meridiano cero hacia el este, con los ángulos referidos al centro de Marte.

En cuanto a la medida de las elevaciones, Marte no tiene océanos, por lo que no tiene un nivel del mar respecto al cual poder referir las elevaciones en el planeta. ¿Qué hacer entonces? No hay problema, basta con definir un nivel de elevación cero o *datum* para poder cartografiar la superficie. Con el agua en mente, claro, el *datum* marciano se define como la elevación (en Marte) en la que se alcanzan los valores de presión y temperatura del punto triple del agua, esto es, aquellos para los que el agua puede estar simultáneamente en los tres estados: sólido, líquido y gaseoso. Estos valores son una presión atmosférica de 610,5 Pa (6,1173 mb) y una temperatura de 273,16 K (0,01 °C). Para hacerse una idea, las profundidades de Hellas Planitia, la cuenca más profunda de Marte, están muy por debajo del *datum* marciano y sería posible encontrar agua líquida allí... siempre que la temperatura fuera lo suficientemente alta, claro.

Entre 1998 y 1999 se utilizó el instrumento Mars Orbiter Laser Altimeter (MOLA), un altímetro láser a bordo de la nave Mars Global Surveyor (MGS) de la NASA, para generar un mapa global de Marte. Se trata del mapa topográfico planetario más preciso jamás realizado. Para ello se utilizaron un total de 27 millones de medidas de elevación recopiladas por el instrumento. Para hacerse una idea de lo que representa este volumen de datos, MOLA recolectó en torno a 900.000 medidas de elevación ¡cada día! Y lo más importante: la sensibilidad del instrumento era tan alta que el rango de error en elevación, en media, era de tan solo 13 m. En algunas zonas muy llanas del hemisferio norte, este error llegó a reducirse a menos de 2 m.

Con estos datos, el mapa global generado mostraba algo sorprendente: Marte es un planeta de dos caras.

Las dos caras del planeta rojo

Es sorprendente lo diferentes que son entre sí los hemisferios norte y sur de Marte. Esta evidente disparidad se conoce como dicotomía marciana y es una característica geológica fundamental del planeta. La dicotomía de Marte tiene tres expresiones físicas globales. La primera es topográfica: la parte norte del planeta es una inmensa depresión respecto a la parte sur. Así, la dicotomía distingue entre las denominadas tierras altas (*uplands*) del sur y las tierras bajas (*lowlands*) del norte. Aproximadamente un tercio de la superficie del planeta, en su mayor parte en el hemisferio norte, se halla a una cota de unos 4 km, en media, más baja que los otros dos tercios, situados en el sur. Los datos altimétricos muestran que las tierras bajas son entre 3 y 6 km más bajas que las tierras altas del sur. Esta característica del relieve marciano recuerda la diferencia de elevación entre los continentes y los fondos oceánicos de la Tierra.

La dicotomía se manifiesta también en un segundo aspecto: una acusada diferencia en la densidad de cráteres de impacto, mucho menos numerosos en las tierras bajas del norte. En el hemisferio sur aparecen regiones plagadas de grandes cráteres y caracterizadas por superficies abruptas. En contraste, las tierras bajas situadas al norte presentan pocos cráteres grandes, su suelo es muy llano, y muestran otros tipos de elementos geomorfológicos que indican que han ocurrido extensos procesos de renovación de su superficie, como coladas de lava y grandes inundaciones.

La tercera distinción entre los dos hemisferios es la gran diferencia en el grosor de la corteza, unos 25 km, en media, mayor el de las tierras altas del sur que el de las tierras bajas del norte. Datos topográficos y gravimétricos indican que la corteza en las tierras altas tiene un grosor máximo de aproximadamente 58 km, mientras que en las del norte apenas alcanza los 32 km de grosor.

Las tres manifestaciones físicas de la dicotomía no coinciden exactamente, de modo que no es posible trazar una frontera exacta de separación ni asegurar que todas ellas se deban a una misma causa. No obstante, se considera que el origen de la dicotomía es único y que produjo como resultado los tres aspectos observados.

Cualquiera que sea su origen, hay bastante acuerdo en que la dicotomía de Marte parece ser extremadamente antigua y se considera que se originó en una etapa muy temprana del planeta, en sus primeros centenares de millones de años, al comienzo de la evolución geológica de Marte, cuando la corteza estaba recién formada o terminando de formarse.

En cambio, el origen de la dicotomía es todavía objeto de debate. En la actualidad hay dos posibles explicaciones, una endógena y otra exógena. La hipótesis endógena establece que la dicotomía es el resultado de procesos convectivos asimétricos en el manto de Marte que produjeron como resultado un adelgazamiento de la corteza en la parte norte del planeta y un engrosamiento de la de la parte sur. La otra hipótesis, la exógena, parece que cuenta con un mayor consenso y establece que la dicotomía es el resultado de un impacto gigantesco. La edad estimada de la dicotomía es consistente con la presencia en el Sistema Solar interior de objetos planetarios de tamaños entre 1.600 y 2.700 km que podrían haber cruzado la órbita de Marte en esa época. Un impacto en Marte de un objeto de este tamaño habría sido capaz de crear una cuenca de impacto gigantesca como Vastitas Borealis y originar la dicotomía. El tamaño enorme de la cuenca, de 10.600 km de longitud y 8.500 km de anchura (Asia, Europa y Australia juntas), y su forma elíptica hacen plausible que sea el resultado de un gran impacto. Pero, por ahora, ese gran impacto es solo una hipótesis.

Una curiosidad: los relojes y los calendarios en Marte

Ya tenemos las referencias espaciales, pero ¿qué pasa con las referencias temporales? ¿Cómo se determina la hora en Marte? A pesar de que Marte dispone de un meridiano cero para referir las longitudes geográficas, no tiene zonas horarias definidas a partir de ese meridiano como en la Tierra. ¿Cómo se mide entonces el tiempo? No queda otra opción que utilizar el Sol. Así, en la superficie de Marte se utiliza la hora solar local para la medida del tiempo de las misiones que han aterrizado en el planeta rojo. Cada misión tiene su propio tiempo solar local, que estará determinado por su ubicación en el planeta. Y también, la separación en longitud geográfica de las misiones entre sí determinará, por lo tanto, la *diferencia horaria* entre las mismas.

Lo mismo ocurre con las fechas, ¿hay un calendario marciano? Desde que se iniciaron las observaciones sistemáticas de Marte con el telescopio a finales del siglo XIX, aparecieron propuestas para establecer un calendario marciano. En la Tierra los meses vienen determinados por el ciclo lunar, pero Marte tiene dos lunas y sus periodos son muy cortos, así que ese sistema es inútil. Por ello, se eligió dividir el año en segmentos más o menos similares, más largos que nuestros meses, que cubrieran todo el periodo orbital. Los astrónomos Percival Lowell, Andrew E. Douglass y William H. Pickering, Robert G. Aitken y *sir* Patrick Moore diseñaron calendarios marcianos con mayor o menor suerte, pero no fue hasta 1986 cuando el ingeniero norteamericano Thomas Gangale publica el calendario dariano para medir el tiempo en Marte.

Llamado así en honor a su hijo Darius, el año marciano se divide en 24 meses, para acomodar el año marciano manteniendo la noción de un "mes" razonablemente similar a la duración de un mes de la Tierra. Este calendario sufrió ligeros ajustes en 1998 y 2006. Los primeros cinco meses de cada seis tienen 28 soles y el sexto mes, 27 (salvo el vigesimocuarto mes de un año bisiesto, que contiene un sol más). El año cero del calendario se situó inicialmente en 1975, año del primer aterrizaje con éxito en la superficie de Marte de una nave estadounidense con las misiones Viking. Unos años después se definió como nuevo año cero para el calendario el año 1609, como doble homenaje a la publicación de las leyes de Kepler y a la primera observación con un telescopio realizada por Galileo.

La Planetary Society[2] decidió finalmente no utilizar un calendario como tal, sino utilizar la longitud planetocéntrica del Sol, conocida como Ls (es decir, Ls es el ángulo que indica la posición de Marte en su órbita alrededor del Sol), para medir la época del año en Marte y que funcionaría a modo de fecha marciana. Así, el valor Ls = 0° corresponde al paso de Marte por el punto vernal (intersección de los planos orbital y ecuatorial), es decir, el equinoccio de primavera en el hemisferio norte marciano; el valor 90° corresponde al solsticio de verano boreal; el valor 180° al equinoccio de otoño boreal y 270° en el solsticio de invierno boreal. Como curiosidad, cerca del solsticio de verano boreal, en Ls = 70°, Marte se encuentra en el afelio. El afelio es el punto de la órbita a mayor distancia del Sol y la zona donde más lento se desplaza el planeta. Cerca del solsticio de invierno boreal, en Ls = 250°, Marte se encuentra en el perihelio, el punto de la órbita más cercano al Sol y la zona donde más rápido se desplaza. El comienzo de la estación de tormentas de polvo en Marte comienza justo después del paso por el perihelio, sobre Ls = 260°.

En este calendario, el año marciano 1 o MY1 (*martian year 1*, en inglés) comenzó oficialmente el día 11 de abril de 1955 a las 00:00 h UTC y terminó el 26 de febrero de 1957 a las 00:00 h UTC. El motivo de elegir esta fecha fue hacer coincidir el comienzo del calendario con la tormenta global

2. Organización no gubernamental dedicada a promover la exploración espacial del Sistema Solar y la divulgación científica en los campos las ciencias planetarias y la astronomía. Fue fundada en 1980 por Carl Sagan, Bruce Murray y Louis Friedman. Cuenta con más de 100.000 socios en todo el mundo.

de polvo que se observó en Marte en 1956. Posteriormente, el calendario se extendió para el tiempo previo al MY1 definiendo el año marciano cero, MY0, que comenzó el día 24 de mayo de 1953 a las 00:00 h UTC. Cualquier año anterior llevaría delante el signo menos. Con esta regla, el MY-1 comenzó el 7 de julio de 1951, el MY-2 el 19 de agosto de 1949, y así sucesivamente. Como curiosidad, la primera observación conocida de Marte con un telescopio realizada por Galileo a finales del año 1610 correspondería al MY-183.

Así pues, con este criterio de designación de fechas, el róver Curiosity aterrizó en Marte el 6 de agosto de 2012, correspondiendo a MY31 Ls150; e InSight aterrizó el 26 de noviembre de 2018, correspondiendo a MY35 Ls112.

Para el día a día de las misiones que han aterrizado en Marte, en cambio, se ha optado por un criterio bastante simple: contar los días (soles) en Marte a partir del momento del aterrizaje, que pasa a denominarse sol 0. La misión Mars Pathfinder y los dos róveres Spirit y Opportunity, en cambio, aterrizaron en el sol 1.

Si tú, lector o lectora, eres de mente inquieta, te propongo un pequeño reto: que adivines el día en que he escrito estas líneas (aquí en la Tierra, claro) sabiendo que hoy el róver Curiosity está en su sol 2730 y la nave InSight pasa en Marte su sol 487, ¿qué día es hoy en la Tierra?

Sea cual fuere el modo de medir el tiempo en Marte, dado que la idea de enviar seres humanos a explorar Marte es ya un proyecto consolidado, no estaría de más ir buscando un criterio unificado. No vaya a ser que el primer ser humano que ponga el pie en Marte no sepa cómo poner su reloj en hora.

Breve guía del autoestopista marciano

Un viaje por los paisajes de Marte nos recuerda mucho a los de la Tierra. A pesar de esas similitudes, ambos planetas son profundamente diferentes. La geología terrestre está controlada por la tectónica de placas, que produce la formación continua de nueva corteza en las grandes dorsales oceánicas y la de cadenas montañosas y cordilleras oceánicas donde las placas colisionan. En contraste, en Marte, que se sepa, no hay placas tectónicas, por lo que muchas de estas características geológicas no se encuentran allí. En cambio, la ausencia de tectónica de placas provoca que las morfologías marcianas como los volcanes y las fallas y grietas alcancen tamaños colosales. Tampoco el efecto de la erosión, ya sea provocada por el agua líquida, el hielo o el viento, ha tenido un papel importante a la hora de esculpir la superficie marciana frente a los efectos causados por el vulcanismo o los impactos de asteroides. El resultado ha sido un planeta con unas características geológicas muy bien conservadas que constituyen algunos de los lugares más espectaculares de todo el Sistema Solar.

Las regiones volcánicas de Tharsis y Elysium

Aproximadamente el 10% de la superficie de Marte está cubierta de volcanes, algunos de los cuales se encuentran entre los mayores del Sistema Solar. Hay varios motivos que contribuyen a que las enormes estructuras volcánicas de Marte sean mucho más grandes que las de la Tierra. Mercurio, también más pequeño que la Tierra, no tiene volcanes. Los volcanes de Venus son más pequeños que los de la Tierra. Entonces, ¿cómo puede tener Marte los más grandes y altos? En primer lugar, la menor gravedad marciana permite que los volcanes alcancen mayores alturas. También, la erosión es muy baja en Marte, por lo que los volcanes grandes tienden a mantenerse grandes. Por último, se considera que, casi con toda seguridad, Marte no llegó a desarrollar tectónica de placas. Como resultado de esto, el calor del interior solo dispuso de unos pocos lugares, denominados puntos calientes, para escapar hacia la superficie, permaneciendo estacionarios y dando lugar a enormes estructuras en la superficie. En la Tierra, por el contrario, las calderas magmáticas situadas bajo las placas tectónicas encuentran salida por varios puntos calientes conforme se desplazan las placas, originando estructuras adyacentes (el archipiélago de Hawái o las islas Canarias son claros ejemplos) que no disponen del tiempo suficiente para alcanzar alturas tan elevadas. El vulcanismo en Marte se ha producido principalmente en dos regiones: Tharsis y Elysium.

En la separación de la dicotomía en el hemisferio occidental se encuentra la denominada protuberancia de Tharsis. Es una inmensa región centrada aproximadamente en el ecuador marciano que presenta un ligero abultamiento en forma de domo que se eleva entre 7 y 11 km por encima del datum. La parte principal del domo tiene unos 4.000 km de norte a sur y unos 3.000 km de este a oeste, cubriendo hasta un 25% de la superficie total del planeta. Se trata de una inmensa llanura elevada resultado de enormes coladas de lava fruto de la actividad volcánica y tectónica, y contiene 12 volcanes, algunos de ellos con las elevaciones más altas del planeta y uno de ellos el mayor volcán conocido en todo el Sistema Solar. Alineados en un eje NE-SO a lo largo de la cresta de la protuberancia se hallan tres volcanes separados aproximadamente 700 km entre sí: Ascraeus Mons (18 km de altura y 480 km de diámetro en la base), Pavonis Mons (14 km de altura y 375 km de tamaño), y Arsia Mons (20 km de altura y 435 km de tamaño, y el tamaño de su caldera, 120 km, la convierte en la mayor de todos los volcanes de Marte). El conjunto se conoce como Tharsis Montes.

En la parte norte de la región se halla una estructura volcánica única, el gigantesco Alba Mons (también denominado Alba Patera), que con un tamaño en su base de 2.000 por 3.000 km y una altura de 6,8 km, es el mayor volcán de Marte, en términos de área y volumen.

Dejamos para el final a Olympus Mons, situado en el borde occidental de la región, a unos 1.200 km de Tharsis Montes. Con una altura de casi 23 km sobre el datum y un diámetro de la base de 600 km, es el volcán más alto de todo el Sistema Solar.

La región volcánica de Elysium es más pequeña que la de Tharsis, pero sigue siendo imponente. Situada en el hemisferio norte a varios miles de kilómetros al oeste de Tharsis, tiene un tamaño aproximado de unos 2.000 km y una elevación media de unos 5 km sobre el datum. Consta de tres volcanes principales: Elysium Mons (14 km de altura) situado aproximadamente en el centro de la región, Hecates Tholus (5,3 km de altura) al norte, y Albor Tholus (4,5 km de altura) al sur. Al sur de la región de Elysium, sin formar parte de ella, se encuentra otro gran volcán, Apollinaris Mons, con 5 km de altura y 296 km de diámetro en la base.

Las denominaciones mons, tholus y patera se refieren a las diversas morfologías de los volcanes en Marte:

- Mons (en plural, montes) se refiere a una montaña aislada. Se trata de una gran estructura con forma de escudo, similar a la de los volcanes de Hawái por ejemplo, con pendientes muy suaves.
- Tholus (en plural, Tholi) se refiere a un monte con forma de cúpula. Presenta una forma convexa, más pequeña que un mons y con la pendiente más pronunciada. La diferencia con un mons puede deberse a que en un tholus la lava que aflora es más viscosa y el volumen de las erupciones es menor, quedándose la lava cerca del origen.
- Patera (en plural, paterae) se refiere a un monte con forma de plato (*patera*, en latín). Se trata de estructuras complejas y muy diversas, debidas probablemente al colapso de estructuras previas de escudo. De pendientes poco pronunciadas, sus calderas tienen estructuras

complejas y bordes escarpados, presentando a veces canales radiales que descienden por las laderas y signos de erosión extrema. Se considera que es el tipo de estructuras volcánicas más antiguas de Marte.

Las grandes cuencas de impacto: Hellas, Argyre e Isidis

La superficie de Marte aparece plagada de impactos enormes, con forma de cuencas circulares. El más grande de todos ellos es fácilmente identificable en el mapa marciano. Se trata de Hellas Planitia, una cuenca de impacto localizada en el hemisferio sur (si consideramos que Vastitas Borealis es una cuenca de impacto, la cuenca de Hellas sería entonces el segundo mayor impacto confirmado sobre la superficie de Marte, pero no hay consenso todavía). La cuenca tiene unos 2.300 km de diámetro y su interior aparece muy erosionado, caracterizado por montañas irregulares y abruptas, apiñadas en macizos, que probablemente representan bloques de la antigua corteza de la cuenca fracturados, rotados y desplazados. El fondo de la cuenca contiene también gruesos depósitos sedimentarios, estructuralmente complejos tras una larga historia geológica de deposiciones, erosión y deformaciones internas. En su interior se encuentran las zonas más profundas de la superficie de Marte, casi 8 km por debajo del datum marciano.

Otras dos grandes estructuras de impacto fácilmente visibles son las cuencas de Argyre Planitia e Isidis Planitia. Argyre Planitia está localizada también en las tierras altas del sur y aparece rodeada por un ancho anillo de montañas. Con un diámetro de 1.800 km y una profundidad de 5,2 km, presenta unas estructuras montañosas en la zona sur de la cuenca, Charitum Montes, que parecen haber sido erosionadas por efecto del hielo y los glaciares.

Finalmente, Isidis Planitia, con un diámetro aproximado de 1.500 km, se halla sobre la frontera de dicotomía en el hemisferio norte. La parte nororiental del borde de la cuenca ha sido muy erosionada y actualmente aparece enterrada bajo depósitos procedentes de las llanuras del norte, dando a la cuenca una característica forma semicircular. El sector noroccidental del borde de la cuenca está caracterizado por una fosa arqueada (Nili Fossae) paralela al perímetro de la cuenca. Existe otra gran cuenca marciana en las llanuras del norte, Utopia Planitia, que se halla completamente enterrada bajo depósitos de material y cuya estructura solo ha podido ser identificada mediante datos de altimetría.

Todas estas grandes cuencas sobre la superficie de Marte son extremadamente antiguas, todas ellas originadas con anterioridad al periodo de bombardeo masivo tardío (LHB, por las siglas en inglés de Late Heavy Bombardment).

El rey de los cañones: Valles Marineris

Otra de las características más relevantes de la geografía marciana es la presencia de una gran cantidad de estructuras asociadas a grandes flujos de agua pasada como redes de drenaje, canales de desagüe, antiguos lechos fluviales, valles y cañones. De entre estas estructuras, hay una que destaca por encima de todas, un gran sistema de cañones que recorre un cuarto del ecuador marciano y lo convierte en el más grande de todo el Sistema Solar: Valles Marineris.

Denominado así en honor a la misión Mariner 9, que lo observó por vez primera en 1972, Valles Marineris es un conjunto de cañones, fallas y grietas que se extiende cubriendo 4.500 km de longitud y 200 km de anchura, y que alcanza profundidades de hasta 8 km. Se cree que su origen está relacionado con la actividad volcánica de la vecina región de Tharsis. La enorme masa de la protuberancia de Tharsis provocó gigantescas tensiones en la litosfera del planeta. Como resultado, la actividad tectónica asociada produjo la aparición de grietas, fracturas y deformaciones alrededor de la protuberancia. Por ejemplo, Noctis Labyrinthus, un sistema de grietas y cañones situado en la zona este de la protuberancia, es el resultado de derrumbamientos caóticos del terreno. De este modo, el origen de Valles Marineris, situado al este de Noctis Labyrinthus, estaría en una falla tectónica, muy similar a la fractura geológica que formó el Gran Valle del Rift en África. Posteriores deslizamientos del terreno, derrumbes de los muros de falla, corrientes de agua y erosión eólica terminaron de esculpir esta enorme *cicatriz*, perfectamente visible desde el espacio.

Las inmensas llanuras de Vastitas Borealis

El último de los grandes paisajes de Marte que un viajero no debería perderse es el de las inmensas llanuras del hemisferio norte, las conocidas como tierras bajas o Vastitas Borealis. Ya se comentó al hablar de la dicotomía marciana que la forma elíptica de Vastitas Borealis lleva a pensar que puede tratarse de una gigantesca cuenca de impacto. Dentro de Vastitas Borealis se distinguen varias zonas. La primera es Utopia Planitia, una gran llanura que cubre una antigua cuenca, situada en el hemisferio oriental entre la región volcánica de Elysium y la cuenca de Isidis, que se extiende hacia el sur y llega hasta el borde de la dicotomía, a unos 40° de latitud norte. Al sur de Utopia Planitia se halla Elysium Planitia, lindando con la región volcánica homónima de Elysium.

Otra zona es Acidalia Planitia, que se encuentra en el hemisferio occidental y se extiende hacia el sur, por el este de la región volcánica de Tharsis. Al sur de Acidalia Planitia y casi en el ecuador marciano se encuentra Chryse Planitia (la llanura de oro). Con forma casi circular, posee un diámetro de 1.600 km y una profundidad de 2,5 km por debajo del datum, por lo que se cree que, como Utopia, se trata de una antigua cuenca de impacto.

Por último, tenemos la zona de Arcadia Planitia, que se extiende hacia el sur entre las regiones volcánicas de Tharsis (al este) y Elysium (al oeste) y que termina en Amazonis Planitia, que llega hasta el ecuador marciano.

Se considera que estas llanuras podrían haber estado en algún momento cubiertas por un antiguo océano, Oceanus Borealis, que pudo alcanzar una profundidad de decenas o incluso centenares de metros. Sin duda debió de ser una visión majestuosa en el pasado. Lo que se puede ver ahora es un conjunto de extensas llanuras, fruto de la acumulación de depósitos a lo largo de la historia geológica de Marte.

Las eras de Marte

Las técnicas habituales para establecer la historia geológica de un planeta rocoso como la Tierra son los estudios estratigráficos y los análisis radiométricos de las rocas. La cronología estratigráfica es un método de datación basado en la comparación entre los estratos o capas en que se dividen los sedimentos. Se trata de una datación relativa que permite establecer el orden temporal o la secuencia de acontecimientos o procesos y no el momento exacto en el que ocurrieron, asumiendo que los estratos superiores deberían ser más modernos que los que están por debajo. En geología, el principio de superposición permite establecer las edades relativas de los elementos superficiales, de manera que aquellos que están sobre otros —se superponen— son más recientes.

En la Tierra, los estratos formados por rocas sedimentarias suelen contener fósiles que sirven para datar la edad aproximada de dichos estratos. Se utilizan para ello los denominados fósiles guía, restos orgánicos de seres vivos que solo existieron en un determinado periodo geológico. La presencia de un fósil de este tipo en un estrato permite inferir, por tanto, que dicho estrato se formó durante la época en la que ese organismo existió. Cuando, por el contrario, en los estratos no se hallan restos fósiles de ningún tipo, las rocas de esos estratos solo pueden ser datadas mediante el análisis radiométrico.

El análisis radiométrico es un método de datación absoluta y está basado en la cuantificación de las proporciones isotópicas de algunos elementos radiactivos de origen natural presentes en las rocas. Cuando el magma asciende, se enfría y forma las rocas ígneas, los átomos radiactivos quedan atrapados en su interior. Conforme pasa el tiempo, estos átomos se van desintegrando a un ritmo conocido. Midiendo la cantidad de átomos inestables que quedan en una roca y comparándola con la cantidad de átomos estables que hay en ella se puede estimar su edad, esto es, el tiempo que ha transcurrido desde que esa roca se formó.

También, de manera indirecta, el análisis radiométrico puede utilizarse para inferir tanto la edad de los fósiles que esas rocas pueden contener como la de los fósiles de estratos adyacentes. El procedimiento para datar los fósiles más antiguos (que no pueden ser datados con métodos directos como, por ejemplo, el del carbono 14) es buscar estratos de roca ígnea por encima y por debajo del registro fósil y hacer la datación radiométrica de estas capas que lo rodean. De esta manera se puede averiguar el rango de edades que podría tener ese fósil, delimitando la edad de la capa sedimentaria en la que se encuentran.

En el caso de Marte no se dispone, todavía, de muestras de roca que permitan hacer ninguno de estos análisis, de modo que se debe recurrir a un método alternativo pero efectivo: el recuento de los cráteres en su superficie. Es de suponer que las regiones más antiguas hayan estado expuestas durante más tiempo a las interacciones con el exterior, por lo que habrán tenido que sufrir un mayor número de impactos y, por tanto, mostrarán una mayor densidad de cráteres. Así, contando cráteres, la historia geológica de Marte se ha dividido en tres periodos principales, cada uno denominado así por una región característica de Marte: Noeico, Hespérico y Amazónico.

También se ha identificado un periodo anterior, el Pre-Noeico, aunque no quede evidencia física de su existencia.

Periodo Pre-Noeico (entre 4.500 y 4.100 millones de años)

Se sabe muy poco sobre este periodo temprano de la historia de Marte, que se remonta a la formación de su corteza hace unos 4.500 millones de años, pero se cree que el planeta soportó en ese periodo una tasa extremadamente alta de impactos. Se considera que la creación de Vastitas Borealis, la extensa zona de tierras bajas del hemisferio norte, ocurrió durante este periodo, dando origen a la dicotomía marciana. Desde entonces, Marte ha sido un mundo con dos caras: las tierras altas, escarpadas y craterizadas del hemisferio sur y las tierras bajas y llanas del hemisferio norte.

Como ya se ha comentado, también al hablar del clima, se cree que Marte dispuso de una atmósfera inicial suficientemente densa, formada como resultado de los numerosos impactos de asteroides y cometas y de la desgasificación del manto del planeta, que iniciaría un paulatino enfriamiento en este periodo. En este proceso, el vapor de agua presente en la atmósfera habría podido condensarse en un vasto océano, incluso uno global, que estaría a una elevada temperatura. El enfriamiento de este gran cuerpo de agua pudo dar lugar a las condiciones para la posible aparición de la vida en el planeta rojo hace entre 4.400 y 4.300 millones de años. Desde entonces, gran parte de la atmósfera ha escapado al espacio o se ha incorporado a la superficie a medida que el planeta se ha ido enfriando de manera inexorable.

Periodo Noeico (entre 4.100 y 3.700 millones de años)

El periodo más antiguo es el periodo Noeico y comprende desde la formación de la corteza del planeta hasta hace unos

3.800-3.500 millones de años. Recibe su nombre de Noachis Terra (la tierra de Noé), una vasta zona accidentada situada en el hemisferio sur entre las dos enormes cuencas de impacto, Argyre Planitia y Hellas Planitia. Las regiones Noeicas corresponden, por tanto, a zonas de la corteza primordial y presentan una gran densidad de cráteres, resultado del bombardeo masivo de asteroides que tuvo lugar durante ese periodo. En la actualidad, los cráteres aparecen muy erosionados, pero se cree que las estructuras de impacto más grandes visibles todavía en el planeta, las cuencas de Hellas, Argyre e Isidis, se formaron durante ese episodio, conocido como bombardeo intenso tardío. Aproximadamente, un 45% de la superficie actual de Marte corresponde a este periodo, en el que hay también abundantes evidencias de redes de drenaje, resultado de procesos erosivos provocados por flujos de agua, que indican que la superficie, en esa época, era templada y húmeda.

En este periodo también se produjo una intensa actividad volcánica a escala global que dio lugar al surgimiento de la protuberancia de Tharsis, una inmensa región del tamaño del continente europeo, centrada aproximadamente en el ecuador y que presenta un ligero abultamiento en forma de domo. El domo se formó por el efecto de las corrientes de convección en el manto, que originaron un punto caliente en la zona. Al no ser estas corrientes lo suficientemente intensas como para desencadenar la deriva continental, la corteza de la zona de Tharsis se mantuvo estática, con el punto caliente bajo ella. La protuberancia es el resultado o bien del empuje del manto sobre la corteza o bien de la acumulación de la lava que emergió a lo largo de millones de años. De cualquier modo, como resultado de las enormes tensiones internas se produjeron grietas y fracturas radiales alrededor del domo que llevaron a la formación del complejo sistema de cañones, valles, grietas y fallas de Noctis Labyrinthus y Valles Marineris en la zona ecuatorial marciana.

La intensa actividad volcánica llenó la atmósfera de cenizas y gases, y produjo un calentamiento global del planeta, posibilitando el probable desarrollo de un ciclo del agua. Muchas de las redes de valles fluviales que se observan en Marte datan de este periodo, al igual que los lagos que pudieron formarse en muchas cuencas y cráteres. Es posible que la cantidad de agua líquida en la superficie fuera suficiente como para formar un vasto océano, probablemente poco profundo (no más de unas decenas de metros), que pudo llegar a cubrir una parte de las tierras bajas del norte. Los róveres que han estudiado la superficie de Marte han encontrado pruebas inequívocas de rocas alteradas químicamente por la exposición periódica o prolongada al agua.

Durante este periodo, el interior del planeta se fue enfriando paulatinamente y su dinamo magnética se detuvo, provocando la desaparición del campo magnético global existente. Prueba de ello es la ausencia de patrones magnéticos en las rocas presentes en Hellas Planitia, mientras que estos patrones sí que se pueden observar en las regiones circundantes de la cuenca de impacto. Esto indica que el núcleo metálico de Marte dejó de crear el campo magnético global en la época del impacto, pues el terreno tras el impacto no volvió a recuperar el patrón magnético del campo global preexistente.

Se considera que las condiciones superficiales presentes durante del Noeico, no globalmente pero sí al menos en algunas zonas, pudieron ser favorables para la existencia de la vida.

Periodo Hespérico (entre 3.700 y 2.900 millones de años)

El periodo Hespérico se considera un periodo intermedio de transición en la historia geológica de Marte. En él, la actividad geológica comienza a ralentizarse y es cuando se piensa que Marte pasó de ser un planeta templado y húmedo al Marte frío, árido y polvoriento que conocemos hoy. Recibe su nombre de Hesperia Planum, una llanura situada en el hemisferio sur, al noreste de Hellas Planitia, con muy pocos cráteres y plagada de crestas, y que contrasta visiblemente con las zonas colindantes mucho más craterizadas (y antiguas) de Tyrrhena Terra y Terra Cimmeria, situadas a oeste y este, respectivamente.

La duración de este periodo es incierta, aunque se considera que da comienzo con el final del bombardeo masivo tardío, hace unos 3.800-3.700 millones de años. La densidad de cráteres de impacto en las regiones hespéricas es significativamente menor que en las correspondientes al periodo Noeico, pues el número de impactos empezó a decaer. Con la disminución de la actividad meteórica, el vulcanismo se convirtió en el proceso geológico predominante. Precisamente durante el periodo Hespérico se formaron los grandes volcanes que vemos actualmente en Marte, los más grandes del Sistema Solar. Este periodo estuvo marcado por grandes flujos de lava que seguramente borraron muchos cráteres producidos durante el Noeico y dejaron en su lugar extensas llanuras volcánicas. Al menos el 30% de Marte resurgió durante este periodo.

Las enormes cantidades de dióxido de azufre emitidas a la atmósfera por las erupciones volcánicas reaccionaron con el agua y dieron como resultado ácido sulfúrico, lo que provocó precipitaciones de lluvia ácida sobre la superficie. El resultado de la alteración química de las rocas por la acción de aguas ácidas durante este periodo dio lugar a la formación de extensos depósitos de sulfatos. Estos minerales, característicos del Hespérico, se hallan principalmente en las regiones de Valles Marineris y Meridiani Terra.

La formación de redes de drenaje disminuyó a medida que el clima se hizo más frío y gran parte del agua quedó atrapada en el terreno como permafrost o en forma de hielo subsuperficial. A pesar del descenso de las temperaturas, los impactos que se produjeron en este periodo provocaron el calentamiento de esas masas de hielo subsuperficial, causando inundaciones catastróficas en extensas regiones de la superficie que originaron largos valles de desbordamiento. El resultado fue la formación de enormes canales de desagüe alrededor del borde de Chryse Planitia y el este de Hellas Planitia, y la remodelación del sistema de cañones y de terreno caótico del Valles Marineris.

El final del periodo Hespérico es tremendamente difícil de estimar y puede situarse en un amplio rango de tiempo, comprendido entre los 3.200 y los 1.500 millones de años. En la actualidad, se estima que el final del periodo Hespérico está en el rango 3.000-2.900 millones de años, cuando finaliza la evolución climática de Marte hacia lo que es hoy, un planeta frío y árido.

Periodo Amazónico (entre 2.900 millones de años y la actualidad)

Se trata del periodo más reciente de la historia geológica de Marte, pero también es el más largo de todos, ya que cubre ¡más de la mitad de la historia total de Marte! Recibe este nombre de Amazonis Planitia, una de las llanuras más planas de la superficie de Marte situada entre las regiones volcánicas de Tharsis y Elysium, en el hemisferio norte. El periodo amazónico se caracteriza por la ausencia de cambios geológicos y climáticos a nivel planetario. Durante la mayor parte de este periodo, la superficie de Marte ha sido fría, seca y árida, con una atmósfera tenue y de muy baja presión atmosférica en la que el agua no puede mantenerse en estado líquido.

Las regiones amazónicas presentan muy pocos cráteres de impacto, pero aún muestran signos de actividad volcánica y glacial, además de episodios de surgimientos de agua que produjeron, de modo general, procesos de regeneración del terreno de las tierras bajas del norte. Pudieron darse también erupciones relativamente recientes en Olympus Mons y flujos de lava generalizados en otros lugares. Mientras tanto, la erosión eólica y la deposición del material dieron forma a grandes regiones de Marte, en particular las amplias llanuras y dunas de arena cerca de los polos, que cubrieron terrenos más antiguos. También muestra la actividad de salida alrededor del área de Chryse Planitia. La evidencia de glaciaciones y procesos superficiales relacionados con la acción del hielo se pueden encontrar cerca del escarpado límite de la dicotomía, concretamente en los volcanes de la región de Tharsis y en las cuencas de Hellas y Argyre Planitia.

También en este periodo, con la desaparición de la actividad volcánica y la ausencia de agua en la superficie, la actividad química más importante de la atmósfera ha sido la paulatina oxidación de las rocas ricas en hierro, produciendo a lo largo de millones de años los óxidos de hierro que dan a Marte ese color rojizo tan característico.

En los últimos años, se han realizado estudios espectrométricos desde naves en órbita que han permitido obtener una visión mucho más detallada de la mineralogía de Marte. Los datos mineralógicos resultan fundamentales pues completan los datos geomorfológicos y posibilitan un entendimiento más profundo de los procesos acaecidos en los diferentes periodos. Se han identificado dos tipos de minerales hidratados (se denominan así porque se forman en presencia de agua) en Marte: filosilicatos y sulfatos. La identificación de minerales hidratados permite hacerse una idea más clara de la visión convencional de los periodos geológicos de Marte. Por ejemplo, las condiciones ambientales que permiten la formación de filosilicatos impiden la formación de sulfatos y, al contrario, cuando se están formando sulfatos, no se pueden formar filosilicatos. Los filosilicatos se forman en condiciones alcalinas (de baja acidez) y los sulfatos requieren, en cambio, condiciones ácidas. Por este motivo, identificando los minerales en Marte se puede deducir la evolución del ambiente global. Gracias a la mineralogía, podemos deducir el periodo y las condiciones ambientales en que se formaron los minerales presentes.

Los filosilicatos (un tipo de arcilla con un alto contenido en hierro) aparecieron durante la primera parte del periodo

Noeico, cuando la superficie de Marte estuvo sometida a la acción del agua líquida. Del mismo modo que, en la Tierra, las arcillas se forman cuando sedimentan las partículas de grano fino que se encuentran suspendidas en el agua, es de suponer que la formación de los filosilicatos descubiertos en Marte fuera debida también a la existencia de grandes extensiones de agua líquida en la superficie de Marte en ese periodo. Cuando el agua erosionó las rocas, produjo partículas microscópicas que más tarde sedimentaron, a menudo en los deltas de los ríos y en los lechos de los lagos, formando los filosilicatos que se observan hoy día.

Los sulfatos, en cambio, aparecieron en el periodo siguiente, el Hespérico, puesto que gigantescos flujos de lava alteraron el paisaje y transportaron enormes cantidades de azufre a la superficie. Las erupciones lanzaron grandes cantidades de azufre a la atmósfera, en forma de dióxido de azufre, que se transformaron en sulfatos allí donde existían grandes masas de agua.

De esta manera, podemos trazar algo así como una historia mineralógica de Marte, en la que los filosilicatos, los sulfatos y finalmente los óxidos de hierro nos permiten establecer de una manera más precisa las condiciones ambientales de Marte a lo largo de su historia y "seguir el curso del agua" como un intento para plantear la idea de la existencia de vida en Marte.

CAPÍTULO 2

Del dios de la guerra al ocaso de los marcianos

Un punto rojo en el cielo

Marte puede observarse a simple vista. Su brillo, de una característica tonalidad rojiza, solo es superado en el cielo por el Sol, la Luna, Venus y Júpiter. Eso explica que ese punto rojo brillante atrajera la atención de nuestros antepasados cuando dirigieron al cielo su mirada. Los registros más antiguos que se conservan de la observación del planeta fueron realizados por los egipcios hace más de cinco mil años. Lo denominaron *Sekded-ef em khetkhet*, 'el que viaja hacia atrás' en egipcio antiguo, por su aparente movimiento retrógrado en el cielo. Los egipcios también lo identificaron con el dios Horus y lo denominaron *Her-em-akhet* ('Horus en el horizonte') o *Her Dhesur*, 'Horus el rojo'.

Se tienen registros de Marte de prácticamente todas las civilizaciones antiguas. Para los sumerios era *Simud*; *Shalbatana* para los acadios. Los babilonios lo identificaron con *Nergal*, su dios de la guerra. Los hindúes lo conocían por *Mangala* (dios de la guerra en sánscrito) o *Angaraka* ('del color de las ascuas ardientes"'). Para los chinos (*Huo Xing*), japoneses (*Kasei*), coreanos y vietnamitas (*Sao Hoa*) lo conocían como la estrella de fuego, un nombre basado en el antiguo ciclo mitológico oriental de las cinco acciones o elementos: tierra, metal, agua, madera y fuego. Los árabes lo conocían por *Al-Mirrikh* ('el que tiene manchas rojas') o también *Al-Qahir* ('el poderoso' o 'el invencible'). Precisamente de *Al-Qahir* viene el nombre de la capital de Egipto, El Cairo, porque el día que se fundó la ciudad pudo observarse el planeta rojo. Los antiguos persas lo llamaban *Bahram* ('el victorioso') y los turcos *Merih.* En lengua urdu era *Merikh.* Los hebreos lo conocían como *Ma'adim* ('el que se ruboriza', siempre haciendo alusión a su color rojizo). Incluso los incas lo conocían por *Awqakuq*, que en lengua quechua significa 'guerrero'. Las civilizaciones de la Antigüedad vieron en el planeta rojo un gran guerrero celestial.

La primera vez que Marte aparece mencionado en un libro es en Babilonia hace más de 4.000 años. Bajo el patrocinio de Sargón el Grande, creador del Imperio acadio, se realizó una compilación, escrita en caracteres cuneiformes sobre tablillas de arcilla, de todo el saber babilónico sobre astronomía y astrología. Esta obra monumental, compuesta por 72 libros, recibió el nombre de *Las observaciones de Bel.* Aunque esta obra no ha llegado a nuestros días, se sabe que fue traducida del cuneiforme al griego por el sacerdote caldeo Berosus en el siglo III a. C. Los sacerdotes caldeos eran los astrólogos y matemáticos de Babilonia, por lo que "caldeo" pasó a ser sinónimo de astrónomo o adivino.

Berosus nació en Babilonia y se cree que vivió a caballo entre los siglos IV y III a. C. De adulto viajó a la isla de Cos, en el Dodecaneso, donde se estableció y fundó una escuela de astrología, posibilitando que el conocimiento babilónico sobre astrología y astronomía se difundiera por toda Grecia. Los astrónomos babilónicos fueron los primeros en cartografiar cuidadosamente el cielo nocturno, mejorando considerablemente tanto los métodos de observación como los de predicción de fenómenos astronómicos como los eclipses.

En la astronomía babilónica, el planeta se asoció a Nergal, el dios del fuego y la guerra. Por analogía, o por la traducción de Berosus, los griegos equipararon el dios babilónico Nergal con su dios de la guerra, Ares, de modo que llamaron al planeta *Areos aster*, 'estrella de Ares'. Se sabe que los griegos helenísticos también lo denominaron *Pyroeis*, que significa 'de fuego', pero no llegó a imponerse. La identificación posterior del dios griego Ares con el dios romano Marte hizo que el planeta fuera traducido al latín como *stella Martis*, 'estrella de Marte' o simplemente 'Marte', que es el nombre con el que el planeta ha llegado hasta hoy.

Las enigmáticas estrellas errantes

El estudio del movimiento de los planetas fue fundamental para el desarrollo de la astronomía como ciencia. Los antiguos astrónomos que observaban el cielo a simple vista los denominaban estrellas caminantes o estrellas errantes (recordemos que planeta significa en griego, literalmente, 'estrella errante'), pues parecían desplazarse sobre el fondo de estrellas fijas. Vistos desde la Tierra, Mercurio y Venus van a veces por delante del Sol y se ven antes del amanecer, mientras que otras van por detrás y son visibles tras el crepúsculo. También, cada cierto tiempo, Marte, Júpiter y Saturno parecen detenerse en su trayectoria a lo largo del cielo y comenzar a retroceder respecto al fondo de estrellas. En realidad, los planetas no cambian de sentido, sino que, debido a la velocidad variable a la que describen sus órbitas, realizan un movimiento aparente respecto al fondo de estrellas, visto desde la Tierra, también móvil. Este ir y venir de los planetas se conoce como retrogradación planetaria. Fue precisamente la observación minuciosa de los movimientos de los planetas la que permitió a los astrónomos plantear por vez primera modelos cosmológicos que fueran capaces no solo de explicar dichos movimientos, sino también el funcionamiento del cosmos.

Aunque se cree que los babilonios ya disponían de un modelo geocéntrico del universo, el primer modelo cosmológico del que hay registro aparece en el siglo IV a. C. con Eudoxo de Cnido. El modelo, con la Tierra ocupando el centro del universo, estaba compuesto por un conjunto de esferas concéntricas asociadas a cada uno de los planetas, al Sol y a la Luna y, por último, la más lejana de las esferas asociada a las estrellas fijas. Cada planeta, a su vez, contaba con varias esferas más, igualmente transparentes, perfectas e inmutables, cuyo movimiento combinado daba cuenta de la retrogradación. En el caso de Marte, por ejemplo, su movimiento se explicaba con cuatro esferas. Aristóteles mejoró posteriormente el modelo geocéntrico de Eudoxo, añadiéndole un mayor número de esferas, siempre con el objetivo de encajar los movimientos retrógrados de los planetas. De todos ellos, el de Marte fue desde el primer momento el mayor obstáculo para ajustar las observaciones con los modelos, pues el planeta rojo era el que describía la retrogradación más amplia en el cielo.

En el siglo III a. C., Apolonio de Perga propuso un modelo geocéntrico modificado en el que utilizaba círculos en lugar de esferas, y utilizó por vez primera los epiciclos y los deferentes para explicar el movimiento de los planetas. Se trataba de un modelo geométrico en el que cada planeta describía un pequeño círculo, denominado epiciclo, cuyo centro describía a su vez otro círculo más amplio alrededor de la Tierra, denominado deferente. El movimiento observado de los planetas era, pues, la combinación de ambos. En esa misma época, Aristarco de Samos propuso por primera vez un modelo cosmológico heliocéntrico, colocando al Sol en el centro del universo, aunque su propuesta pasó desapercibida y quedó relegada al olvido, esperando ser "redescubierta" unos siglos más tarde.

De este modo, el modelo geocéntrico se impuso, aunque siguió sufriendo modificaciones a lo largo de los siglos debido a que no terminaba de ajustarse a las observaciones. Finalmente, en el siglo II d. C. Claudio Ptolomeo, astrónomo y matemático greco-egipcio, publica una obra fundamental, el *Almagesto*, en la que propone un modelo geocéntrico que se mantuvo vigente, casi sin cambios, durante más de 1.400 años. Escrito originalmente en griego, la obra de Ptolomeo se tituló inicialmente *Math matik Syntaxis*, 'tratado matemático', pero finalmente fue *H Megal Syntaxis*, 'el gran tratado', pues era una obra monumental de 13 libros. Las primeras traducciones al árabe fueron realizadas alrededor del siglo IX, y lo titularon *Al-Majisti*, 'el más grande', de aquí el nombre que ha llegado hasta hoy, *Almagesto*. Europa descubrió el *Almagesto* a través de las traducciones al latín de las versiones árabes. Por este motivo, muchas estrellas han conservado sus nombres árabes. La primera traducción al castellano se hizo en el siglo XII.

El modelo ptolemaico perfeccionó la geometría previa de los epiciclos y los deferentes, añadiendo los ecuantes para ajustarse a las observaciones. El ecuante era el centro de rotación de la órbita circular del planeta, que no coincidía con el centro geométrico de rotación, sino que estaba ligeramente desplazado de dicho centro. El concepto de ecuante se introdujo en el modelo para explicar los días de diferencia entre los equinoccios y mantener, al mismo tiempo, la hipótesis del movimiento uniforme de los planetas en su órbita circular. Si el centro de rotación coincidiera con el centro geométrico de la órbita y el movimiento fuera uniforme, el Sol tardaría lo mismo en recorrer la distancia entre equinoccios, lo que no ocurre. A pesar de su éxito, el modelo ptolemaico no terminaba de explicar los movimientos planetarios. Esto llevó a los astrónomos a buscar explicaciones más sencillas del movimiento de los planetas y las observaciones minuciosas del movimiento de Marte resultaron decisivas para dar con la solución definitiva a lo largo del siglo XVI.

Un *excéntrico* planeta

En 1543, y de manera póstuma, se publica una de las obras científicas más importantes de la historia, pues dio lugar a una verdadera revolución científica en la época. Tenía por título *De Revolutionibus Orbium Coelestium* (*Sobre las revoluciones de los orbes celestes*) y fue el fruto de 25 años de trabajo de su autor, el clérigo y astrónomo polaco Nicolás Copérnico. La obra constaba de seis libros[3] y presentaba un modelo cosmológico ya propuesto en el siglo III a. C. y que abandonaba las ideas vigentes de manera radical: el modelo heliocéntrico. Para evitar problemas con la Iglesia, muy geocéntrica en esa época, el libro estaba dedicado al papa Pablo III y, además, el modelo de Copérnico fue presentado en el prólogo como un mero modelo geométrico que serviría para simplificar el cálculo del movimiento de los planetas, sin entrar en otras cuestiones más "profundas". Pero el modelo afirmaba claramente que la Tierra dejaba de ocupar el centro del universo y pasaba a ser un planeta más, que, como el resto, giraba alrededor del Sol, que pasaba a ser el centro del universo. A pesar de todo, el modelo no era capaz de explicar correctamente el movimiento de Marte.

La solución a esa obstinación de Marte por no querer ajustarse a ningún modelo vino del trabajo combinado de dos extraordinarios astrónomos: Tycho Brahe, el mejor astrónomo visual de la humanidad; y su *padawan* Johannes Kepler, matemático y astrónomo, quien, con una de las ideas más brillantes de la historia de la astronomía, dio finalmente con la solución.

Tycho Brahe aceptó la generosa oferta del rey Federico II de Dinamarca y construyó, en 1576 en la isla de Hven,

3. El Libro I se presenta la teoría heliocéntrica; en el II se describen los principios de la astronomía esférica y se presenta un catálogo de estrellas fijas; en el III se tratan la precesión de los equinoccios y los movimientos aparentes del Sol; en el IV se tratan los movimientos orbitales lunares; en el V el cálculo de posiciones estelares y planetarias, y, finalmente, en el VI se plantean las digresiones de los planetas.

cerca de Copenhague, el mejor observatorio astronómico de Europa, Uraniborg. Desde allí, noche tras noche, se dedicó a observar pacientemente el cielo y a registrar meticulosamente los movimientos de los planetas, recopilando los datos de mayor exactitud obtenidos hasta la fecha. Fueron precisamente los datos que compiló sobre Marte los que permitieron a Kepler dar finalmente con la esperada solución a la retrogradación planetaria. Johannes Kepler fue contratado como asistente por Brahe cuando este se instaló en Praga en 1599 como matemático real en la corte del emperador Rodolfo II después de caer en desgracia ante el rey Christian IV (hijo y heredero de Federico II) e irse de Dinamarca. A pesar de la repentina muerte de Brahe en 1601, Kepler continuó con el trabajo encomendado y dedicó todos sus esfuerzos a calcular las órbitas planetarias a partir de las observaciones recopiladas por Brahe, teniendo en mente la hipótesis heliocéntrica de Copérnico (Brahe era más bien geocéntrico, pero eso ya no importaba). Si Kepler no hubiera dispuesto de datos tan precisos, no habría sido capaz de descubrir, en 1605, que Marte describía realmente una órbita elíptica. Fue Marte, el "excéntrico" planeta rojo, el que permitió dar con la tan ansiada solución al problema de la retrogradación planetaria.

Kepler publicó sus estudios en 1609 en otra de las grandes obras de la historia de la ciencia, *Astronomía Nova*, donde enunció las dos primeras leyes del movimiento de los planetas, en clara oposición a las ideas aceptadas hasta entonces. La primera establecía que la órbita descrita por los planetas no era el círculo sino la elipse, situando al Sol en uno de sus focos. La segunda establecía que el movimiento de los planetas en su órbita elíptica no era uniforme, sino que la velocidad variaba a lo largo de la órbita siguiendo la regla de barrer áreas iguales en tiempos iguales. Estas dos leyes, dentro del modelo heliocéntrico, permitieron explicar finalmente el movimiento de los planetas.

Marte a través del telescopio

Coincidencia cósmica o no, en 1609, en Padua, Galileo Galilei apuntó por primera vez hacia el cielo un nuevo instrumento diseñado algunos años antes en Holanda y perfeccionado por él: el telescopio. Así, Galileo fue el primer ser humano en ver Marte a través de un telescopio, convirtiendo el punto rojo que había sido hasta entonces el planeta en algo completamente nuevo. Su telescopio original tenía una lente planoconvexa de 3,7 cm como objetivo, una lente de 2,2 cm como ocular y una longitud de 98 cm. Se cree que Galileo no halló nada de interés en sus observaciones de Marte, más allá de indicar en 1610 que mostraba fases y que el disco que veía parecía no ser perfectamente redondo.

La primera observación "interesante" de Marte con el telescopio fue realizada en 1636 por el astrónomo y abogado napolitano Francesco Fontana. Fontana era también constructor de telescopios, pero de tipo kepleriano (que utilizaba lentes cóncavas como objetivo, en lugar de las convexas que utilizaban los de tipo galileano). Según sus observaciones de 1636 y 1638, el disco de Marte aparecía con un anillo oscuro dentro del disco, cerca del borde, y un gran punto oscuro en su centro, que denominó pastilla oscura. Posteriormente, durante el invierno de 1645, Fontana observó de nuevo el punto oscuro, pero esta vez en el centro del planeta Venus, visto en fase. En 1646, volvió a ver el punto en Venus y recopiló y publicó todas las observaciones en su obra *Novae coelestium, terrestriumque rerum Observationes* (Nuevas observaciones de objetos celestes y asuntos terrestres). Ahora sabemos que el anillo y el punto oscuro que observó Fontana eran el resultado de una construcción defectuosa del telescopio y no una característica real de los planetas observados con él.

Las primeras observaciones de Marte obtenidas con un telescopio de suficiente calidad fueron realizadas, como no podía ser de otra manera, por un astrónomo que era, además, un consumado constructor de lentes, el holandés Christiaan Huygens. Gracias a su excelente telescopio, de 7 m de longitud, Huygens fue capaz de desvelar la nueva cara de Marte aprovechando la oposición del planeta rojo de 1659. La oposición es el momento de máximo acercamiento del planeta a la Tierra, de modo que su tamaño angular a través del telescopio será mayor y su observación será más ventajosa desde la Tierra. En el caso de Marte, tiene lugar cada 780 días. Huygens identificó en el disco del planeta rojo una zona oscura triangular, que se convirtió en la primera estructura de la superficie marciana jamás observada. Ahora sabemos que lo que observó y dibujó Huygens en sus notas ese 28 de noviembre de 1659 era la región de Syrtis Major, situada en el ecuador del planeta. La observación sistemática a lo largo de varias noches le hizo constatar que esa zona oscura aparecía de nuevo en el disco marciano a la misma hora, aunque ligeramente desplazada, lo que le permitió calcular por primera vez el periodo de rotación del planeta. El valor que obtuvo, de 24 horas y media, era prácticamente igual al del día terrestre; un cálculo increíblemente cercano al valor real, para los medios que tenía.

Huygens continuó observando Marte a lo largo de los años, llegando a distinguir, durante la oposición de 1672, una zona blanquecina en uno de los polos marcianos que resaltaba sobre el disco del planeta, más oscuro, por lo que pensó que sería un casquete polar. En 1698 se publicó de manera póstuma su obra más especulativa, *Cosmotheoros* (Contemplador del cosmos), en la que aparece por primera vez una exposición sobre lo que necesita un planeta para albergar vida y se especula sobre la vida en Marte y la existencia de seres inteligentes en otros planetas.

Otro de los grandes astrónomos del siglo XVII que observaron Marte fue el italiano Giovanni Domenico Cassini. Utilizando un excelente telescopio refractor del mismo tipo que el de Huygens, pero de 11 m de longitud, realizó una campaña de observaciones de Marte desde Bolonia durante la primavera de 1666. Pudo distinguir algunas zonas claras y oscuras en la superficie marciana que le permitieron determinar el periodo de rotación del planeta de 24 horas y 40 minutos, tan solo tres minutos superior al valor real. En esa misma primavera de 1666, Robert Hooke observó Marte desde Londres. A pesar del tiempo brumoso y de las dificultades para hacer observaciones detalladas, llegó a apreciar zonas oscuras en el disco marciano, pero no pudo realizar cálculos de ningún tipo. Como curiosidad, un año antes, ambos astrónomos, Hooke y Cassini, habían descubierto (por separado) la gran mancha roja de Júpiter.

Recién comenzado el siglo XVIII, el astrónomo italiano Giacomo Filippo Maraldi, nieto de Cassini, observó Marte durante la oposición de 1704 desde el Observatorio de París. Consiguió distinguir numerosos puntos claros y oscuros que variaban con el tiempo, lo que él asoció a la presencia de nubes. También determinó posteriormente, gracias a las observaciones realizadas durante la oposición de 1719, que el casquete polar sur no estaba exactamente centrado en el polo.

Hacia finales del siglo XVIII el desarrollo de la tecnología en la construcción de espejos dio como resultado la aparición de telescopios reflectores cada vez más potentes. Este tipo de telescopio, inventado por Isaac Newton, utilizaba espejos para recolectar la luz, en lugar de las lentes que utilizaban los telescopios refractores. De todos los astrónomos de ese periodo, sobresalió el británico William Herschel, gran constructor también de espejos para telescopios reflectores. Entre los telescopios que construyó está el conocido como Gran Cuarenta Pies (Great Forty-Foot). Construido entre 1785 y 1789, tenía un espejo primario de 120 cm de diámetro y una distancia focal de 12 m o 40 pies, en unidades anglosajonas, de ahí su nombre. Considerado una maravilla tecnológica de la época, fue el telescopio más grande del mundo durante 50 años.

Herschel se dedicó a observar Marte durante las oposiciones de los años 1777, 1779, 1781 y, sobre todo, la del año 1783. En esta última, seguramente utilizando su potente telescopio reflector con un espejo de 47 cm de diámetro y 6,1 m de longitud, realizó interesantes descubrimientos que le hicieron plantear posteriormente que, de todos los planetas, Marte era el más parecido a la Tierra. Distinguió claramente los dos casquetes polares, y de sus observaciones fue capaz de deducir con bastante buena aproximación la inclinación del eje de rotación de Marte. El valor que obtuvo, de 30 grados, similar a la inclinación del eje de rotación de la Tierra (23,4 grados), le llevó a plantear que Marte tenía también estaciones. Hoy sabemos que el valor real de la inclinación del eje de Marte es de 25 grados, pero Herschel acertó al establecer que Marte experimentaba cambios estacionales y también que la duración de las estaciones marcianas sería mayor que en la Tierra, dado que el año marciano dura más que el terrestre.

Areografía: los primeros mapas de Marte

El siglo XIX se convertiría en el siglo marciano. La construcción de telescopios cada vez más avanzados (aunque no necesariamente más grandes) debido a los avances de la óptica en la construcción de lentes daría como resultado la observación detallada de Marte y el origen de la areografía, es decir, el estudio de la topografía de la superficie de Marte. Se cree que el término areografía, de Ares, el equivalente griego de Marte, fue acuñado por el astrónomo alemán Johann Hieronymus Schröter, que observó Marte desde su observatorio privado en Lilienthal, Alemania, durante las oposiciones producidas a lo largo de 18 años, desde 1785 hasta 1802. Schröter publicó sus detalladas observaciones en 230 dibujos con el título de *Areographische fragmente*.

Los primeros mapas de Marte fueron obra de los alemanes Beer y Mädler. En 1829, Wilhelm Beer, un adinerado banquero y astrónomo aficionado, decidió construir un observatorio privado en Berlín con la intención de observar detalladamente Marte junto con su amigo astrónomo Johann Heinrich von Mädler. Utilizaron para ello un telescopio refractor de 9,5 cm que, aunque de modesto tamaño, era de excelente calidad (fue construido por Joseph von Fraunhofer, un verdadero maestro de la construcción de lentes), lo que, junto a la pericia y persistencia de Beer y Mädler, les permitió elaborar los primeros mapas fiables del planeta rojo y con ellos inauguraron el estudio de la topografía de Marte.

Comenzaron su meticuloso trabajo en 1830, coincidiendo con una oposición perihélica de Marte, un tipo especial de oposición en el que la cercanía a Marte es máxima y que solo se da cada 16 años. En ese año consiguieron recopilar una gran cantidad de datos de excelente calidad, que trataron de ampliar en las sucesivas oposiciones de 1832, 1834, 1835, 1837 y 1839, aunque el mal tiempo les impidió ampliar mucho más los datos obtenidos. Gracias a esos datos pudieron publicar mapas sucesivos de Marte los años 1831, 1834, 1835, 1838 y 1839. Finalmente, combinaron todos estos estudios en un trabajo pionero publicado en 1840 en francés, *Fragments sur les corps célestes du systéme solaire*, y en 1841 en alemán, *Beiträge zur physischen Kenntniss der himmlischen Körper im Sonnensysteme* (Contribuciones sobre los cuerpos celestes del Sistema Solar).

Estos mapas fueron el primer intento de unificar toda la información disponible hasta el momento sobre la topografía del planeta rojo y constituyeron el inicio de la cartografía marciana y del conocimiento físico de Marte. Beer y Mädler utilizaron una nomenclatura basada en letras mayúsculas para identificar los diferentes accidentes geográficos y eligieron como referencia planetográfica en sus mapas una pequeña mancha oscura circular situada en el ecuador, que ellos etiquetaron como "A" y que ahora se conoce como Sinus Meridiani, que se convirtió en el meridiano cero marciano (el origen de la longitud geográfica en los mapas). Esta referencia se ha mantenido hasta nuestros díahs.

Hubo que esperar un par de décadas para que apareciera un nuevo mapa de Marte, de la mano de Richard Anthony Proctor, astrónomo y escritor inglés. Proctor, uno de los grandes divulgadores de la astronomía de la época victoriana, publicó en 1867 un detallado mapa de Marte a partir de las observaciones realizadas por el también astrónomo británico William Rutter Dawes entre 1852 y 1865. Al contrario que Beer y Mädler, Proctor decidió utilizar una nomenclatura distinta para los accidentes geográficos, basada en nombres de astrónomos, prácticamente en su totalidad británicos, relacionados con el estudio de Marte. Así, el mapa marciano de Proctor encontramos el océano de Dawes (donde sitúa el meridiano cero), el mar de Hooke y el continente de Herschel, entre otros. Esta nomenclatura no fue bien vista por la comunidad científica, que la consideró excesivamente parcial y tuvo una limitada repercusión, siendo solo utilizada por Proctor y posteriormente relegada.

Los canales de Marte y la fiebre marciana

En la segunda mitad del siglo XIX, además del desarrollo de la areografía, se produjo un "descubrimiento" que convertiría a Marte en el centro de atención del mundo científico y no tan científico. El precursor, sin pretenderlo, fue el padre jesuita y astrónomo italiano Pietro Angelo Secchi. Desde el observatorio del Colegio Romano, situado en el tejado de la iglesia de San Ignacio en Roma, llevó a cabo estudios de varios planetas, entre ellos Marte, en 1863. Gran observador, distinguió por primera vez unas líneas oscuras que surcaban la superficie del planeta rojo y que él interpretó como cañones o accidentes naturales del terreno, denominándolas *canali*, en italiano (denominó Canale Atlantico a lo que hoy conocemos como Syrtis Major). Secchi no le dio mayor importancia a este descubrimiento, como lo demuestra el hecho de que dedicó sus esfuerzos al estudio del Sol y a la espectroscopía estelar, el estudio de la luz proveniente de las estrellas, siendo capaz de recopilar los espectros de más de 4.000 estrellas. Las líneas oscuras en la superficie de Marte que Secchi describió por primera vez fueron posteriormente observadas con mucho mayor detalle por otro astrónomo italiano, Schiaparelli. Fueron precisamente los descubrimientos de este último, junto con una desafortunada traducción al inglés, los que desataron la fiebre por los marcianos, cuyo ocaso no llegará hasta casi un siglo después.

Giovanni Virginio Schiaparelli era un astrónomo reconocido internacionalmente, especialmente tras descubrir el asteroide 69 Hesperia entre Marte y Júpiter en 1861, pero también por sus estudios sobre estrellas dobles, cometas y meteoritos (que él fue el primero que asoció con los cometas). A partir de 1862, Schiaparelli se convirtió en el director del Observatorio Astronómico de Brera, cerca de Milán. Decidió instalar un telescopio refractor de 21,8 cm de diámetro, uno de los más avanzados de la época y obra del reputado constructor alemán Georg Merz, que estuvo listo a principios de 1875. El objetivo de Schiaparelli era observar Marte en 1877, ya que ese año se produciría una oposición perihélica. Las observaciones, que comenzaron la noche del 23 de agosto y se alargaron hasta marzo de 1878, le permitieron obtener los detalles más precisos hasta la fecha de la superficie de Marte. Schiaparelli identificó, como sus predecesores, algunas estructuras claras o brillantes, que él definió como tierras (*terre* en italiano), y otras oscuras, que él definió como mares (*mari*), tal y como se hizo con la Luna. Esta terminología se demostró posteriormente inadecuada, porque ni en Marte ni en la Luna hay extensiones de agua líquida. Identificó una extensa zona oscura que ocupaba gran parte del hemisferio sur como Mare Australe.

Schiaparelli propuso un nuevo sistema de nomenclatura marciana, utilizando nombres de lugares tomados de la historia y la mitología antiguas y de la Biblia. Con la nueva nomenclatura, la zona oscura triangular que observó Huygens por primera vez en 1659, denominada mar de Kaiser por Proctor, pasó a denominarse Syrtis Major (el gran Sirte), y la zona conocida como mar de Terby (en nomenclatura de Proctor también) pasó a ser Solis Lacus, el lago del Sol. Un punto brillante en el hemisferio sur lo denominó Nix Olympia, las nieves del Olimpo (ahora sabemos que es el volcán más alto en el Sistema Solar y se conoce como Olympus Mons). Y otras extensas zonas brillantes recibieron nombres tan evocadores como Elysium, Cydonia o Tharsis. Esta nomenclatura ha seguido prácticamente inalterada hasta nuestros días, lo que hace que Marte haya mantenido ese halo misterioso e imaginario de las antiguas historias mitológicas ancestrales. Además de las zonas oscuras y brillantes, Schiaparelli identificó también una intrincada red de líneas oscuras que conectaban los mares a través de las tierras y comparó estas líneas con los canales naturales terrestres, por lo que, igual que hizo Secchi años antes, utilizó el mismo término para denominar estas estructuras: *canali*.

Curiosamente, unos días antes del comienzo de las observaciones de Schiaparelli, en concreto entre el 11 y el 18 de agosto de 1877, el astrónomo norteamericano Asaph Hall, utilizando el excelente telescopio reflector de 66 cm del Observatorio Naval en Washington, descubrió las dos lunas de Marte, Fobos y Deimos. Los nombres de Fobos y Deimos, 'miedo' y 'terror' en griego, fueron una sugerencia del químico británico Henry George Madan, siguiendo la costumbre mitológica de nombrar a las lunas de Marte con los nombres de los dos caballos que tiraban de su carro de guerra.

Cuando habló por primera vez de los *canali*, Schiaparelli no pensó que estas estructuras podrían ser obra de seres inteligentes y fue muy cauteloso al afirmar que seguramente se trataba de estructuras de origen natural. De hecho, la nomenclatura que utilizó para nombrarlas hacía referencia a ríos famosos, bíblicos (Gehon, Hiddekel y Phison, del Jardín del Edén), mitológicos (Styx, del inframundo o reino de Hades) y reales (Ganges, Euphrates y Nilus). Pero el artículo científico en el que publicó el descubrimiento, "Osservazioni astronomiche e fisiche sull'asse di rotazione e sulla topografia del pianeta Marte" (Observaciones astronómicas y físicas sobre el eje de rotación y la topografía del planeta Marte, Roma, 1878), tuvo una repercusión mundial, fuera incluso de los círculos científicos, y se podría decir que todo se le fue de las manos. Cuando el artículo fue publicado en inglés, el término italiano *canali*, en lugar de ser traducido por *channels*, término que se refiere a una estructura de origen natural, fue traducido como *canals*, que en inglés se refiere a una estructura artificial construida por el ser humano.

Schiaparelli continuó sus observaciones durante las seis oposiciones siguientes, hasta 1888, refinando su mapa original y publicando mapas sucesivos actualizados de Marte, donde la superficie aparecía surcada por una cada vez más densa red de estructuras lineales. Durante la oposición de 1879, después de observar algunos cambios en las estructuras observadas previamente, descubrió por primera vez un efecto de desdoblamiento de algunos canales, que él denominó geminación, y que fue extendiéndose a otros canales en mapas sucesivos. En la revisión de 1882 de su mapa original, por ejemplo, ya aparecían hasta 20 canales con geminaciones.

Los canales de Marte pronto se hicieron famosos y crearon una nueva visión de Marte que cambió para siempre la imagen del planeta rojo, originando una gran controversia acerca de la posibilidad de que pudiera albergar vida. El descubrimiento se convirtió, para muchos, en la evidencia de que habían sido construidos por seres evolucionados e inteligentes. Los más osados dieron un paso más y llegaron a plantear directamente la hipótesis de que lo que Schiaparelli había observado eran gigantescas obras de ingeniería, construidas por una avanzada civilización marciana que trataba de luchar contra los problemas de sequía de un planeta moribundo, para el transporte de agua hacia las regiones desérticas. En pocas palabras, se acababa de demostrar la existencia de los marcianos. Es interesante señalar que, en esa época, se acababa de construir una de las grandes obras de ingeniería de la humanidad, el canal de Suez. Con una longitud total de 163 km, las obras se iniciaron en 1859 y fue inaugurado diez años después, en 1869. Es indudable que la repercusión que tuvo a nivel mundial la construcción de esta maravilla de la ingeniería influyó de manera decisiva en la interpretación que se hizo de los canales "descubiertos" en Marte.

Entre los más convencidos partidarios de la causa marciana se encontraban dos astrónomos, el francés Nicolas Camille Flammarion y el británico Richard Anthony Proctor. Ambos fueron grandes divulgadores científicos y contribuyeron a popularizar enormemente la astronomía a finales del siglo XIX. También fueron prolíficos escritores (Flammarion escribió 70 libros y Proctor, 57, además de numerosos artículos en periódicos) y algunas de sus obras tuvieron un gran éxito editorial. En el caso de los canales de Marte, como suele decirse, se juntaron el hambre con las ganas de comer, y ambos, bajo la irresistible tentación que provocaba la posible existencia de vida inteligente en Marte, publicaron obras que tuvieron una gran repercusión pública.

En su obra *Other Worlds Than Ours* (Otros mundos que no son el nuestro), publicada en 1870, Proctor defendía que, del mismo modo que las estrellas y los planetas estaban constituidos por los mismos elementos químicos, debía asumirse que todos los planetas albergaban vida, a no ser que se demostrara lo contrario. Para el caso de Marte, sostenía que la vida marciana sería muy diferente a la terrestre. En abril de 1882, en cambio, fue mucho más allá y escribió un artículo en el prestigioso diario *The Times* titulado "Canals on the planet Mars" (Canales en el planeta Marte), argumentando que los canales de Marte eran una hazaña de la ingeniería de tamaño colosal obra de una civilización avanzada. Algo parecido escribió al mes siguiente en *The New York Times*. En sus últimos escritos, en cambio, con todos los datos recopilados hasta ese momento sobre Marte, defendió un punto de vista no tan especulativo, planteando que en Marte podrían existir algunas formas de vida simples o haberse desarrollado en el pasado.

Por su parte, Flammarion apoyó abiertamente la existencia de una avanzada civilización marciana. En 1892 publicó *La planète Mars et ses conditions d'habitabilité* (El planeta Marte y sus condiciones de habitabilidad), una compilación de todo lo publicado sobre el planeta rojo desde Fontana. Flammarion aceptó la areografía de Schiaparelli, donde el tono rojizo-anaranjado de sus tierras le sugería un ambiente árido y polvoriento, aunque identificaba zonas que podrían ser vegetación. En cuanto a los canales, concluyó que eran cursos de agua que formaban un complicado sistema de irrigación global.

Para hacerse una idea del impacto que tuvo este tema, solo entre 1892 y 1893 se publicaron más de cien artículos científicos y ensayos sobre los canales de Marte y la hipotética civilización marciana.

A pesar del revuelo creado, Schiaparelli se mostró escéptico respecto al origen no natural de los canales y así lo mencionó en 1893 en su obra *La vita sul pianeta Marte* (*La vida en Marte*), donde se inclinó por pensar que se trataba de cuencas fluviales por las que discurría el agua. Para él, por tanto, la presencia de los canales era una señal inequívoca de la presencia de agua líquida en Marte y, por lo tanto, de vida, aunque simple y no tan evolucionada e inteligente como para construir los canales.

Sin embargo, el más convencido y convincente de todos los defensores a ultranza de los canales fue el estadounidense

Percival Lowell, que puede ser considerado el verdadero artífice de la fiebre marciana. De una acaudalada familia y astrónomo aficionado, Lowell quedó tan fascinado por la idea de vida inteligente en Marte que decidió, pagando de su propio bolsillo, construir un observatorio astronómico en Flagstaff, Arizona, dedicado exclusivamente a la observación de Marte, con el objetivo de demostrar que los canales de Schiaparelli eran realmente canales artificiales hechos por una civilización marciana. Utilizando dos telescopios refractores de 30 y 45 cm de diámetro, inició las observaciones de Marte coincidiendo con la oposición de 1894. Desde finales de mayo de 1894 hasta principios de abril del año siguiente, Lowell observó detalladamente Marte, realizando un total de 917 dibujos quc confirmaron la existencia de los canales observados por Schiaparelli. Recopiló estos resultados en el libro *Mars*, publicado en 1895.

Animado por este exitoso comienzo, Lowell instaló en 1986 un nuevo telescopio refractor de última generación, construido por Alvan Clark, de 60 cm de diámetro y 9,75 m de longitud. Usando este potente telescopio, se dedicó a la paciente e infatigable labor de observar Marte durante las oposiciones de 1905, 1907 y 1909, confirmando y añadiendo muchos más canales a los ya descubiertos. Con los datos recopilados, publicó dos libros en los que expuso de manera entusiasta sus teorías sobre Marte y que tuvieron un gran éxito editorial. El primero de ellos, publicado en 1906, no dejaba lugar a dudas ya desde el propio título, *Mars and its Canals* (Marte y sus canales), y en él Lowell planteó la hipótesis de un planeta con vegetación en el que una civilización inteligente avanzada había construido una complejísima red de canales que permitía transportar agua desde los casquetes polares, cuando se fundían en verano, hacia las áridas tierras del ecuador. En esta misma línea, publicó en 1908 *Mars As the Abode of Life* (Marte como cuna de la vida).

La visión de Lowell de un planeta habitado fue muy discutida desde el principio por la comunidad científica, pero tuvo una enorme repercusión en la opinión pública, acaparando titulares impactantes e inundando los medios de comunicación con noticias sobre una avanzada civilización marciana. Creó en el imaginario colectivo la idea de la existencia de seres extraterrestres y dio origen a una fiebre por los marcianos que inspiró numerosas obras de ciencia ficción durante la primera mitad del siglo XX.

El Marte imaginario

No se debe pasar por alto que, ciertas o no, las teorías sobre la existencia de vida inteligente en Marte alimentaron la "ciencia ficción marciana" desde finales del siglo XIX hasta la mitad del siglo XX. El fin de las expectativas científicas de una civilización marciana no impidió que la ciencia ficción produjera durante décadas una gran cantidad de títulos sobre invasiones marcianas o sobre viajes y colonizaciones del misterioso y fascinante planeta rojo.

Indudablemente, la novela de ciencia ficción marciana más conocida por el público es *The War of the Worlds* (*La guerra de los mundos*), del británico H. G. Wells, publicada en 1898. Parece muy probable que Wells se inspirara en los libros de Lowell para su novela, que creó toda una corriente de pensamiento popular, todavía vigente, de que los invasores extraterrestres son siempre hostiles. Y más después del famosísimo episodio de radio de la serie dramática *The Mercury Theatre on the Air*, basado precisamente en la novela de Wells, narrado por el director de cine Orson Welles y emitido en directo en Estados Unidos la noche de Halloween de 1938, causando el pánico en la audiencia ante la creencia de una invasión extraterrestre.

Muy reconocida fue también la serie de novelas sobre Marte del estadounidense Edgar Rice Burroughs, mundialmente conocido por ser el creador de Tarzán. *Under the moons of Mars* (Bajo las lunas de Marte), publicada como relato breve en 1912, fue la primera historia de la serie, donde se narraban las aventuras de John Carter en Barsoon (el nombre que recibe Marte en la serie). A este primer relato siguieron otros, que fueron posteriormente agrupados como una novela en 1917 bajo el título *A Princess of Mars* (*Una princesa de Marte*). Le siguieron diez novelas más, la última de las cuales, *John Carter of Mars* (*John Carter de Marte*), fue publicada en 1948.

Una medida del impacto que tuvo el fenómeno de la fiebre marciana en la ciencia ficción es la enorme cantidad de novelas que aparecieron en todo el mundo a lo largo de la primera mitad del siglo XX. En la literatura soviética de principios de siglo aparecen novelas que tratan de viajes a Marte como *Viaje a Marte*, de Leonid Bogoyavlensky (1901), *En otro planeta*, de Porphyry Pavlovich Infántiev (1901), o *Estrella roja*, de Alexander Bogdánov (1908), que tuvo una secuela en 1913 titulada *El ingeniero Menni.* También hay historias sobre civilizaciones marcianas ocultas en la Tierra, al estilo de la novela de Wells, como *La Montaña de la Estrella*, de Valery Y. Bryusov (1899). Incluso hay una princesa de Marte en la ciencia ficción soviética, se trata de *Aelita*, escrita por Aleksei Nikolayevich Tolstoy (1923) y llevada al cine un año después (eso sí, mudo) con título homónimo por Yakov Protazanov[4]. Y para los amantes de las "sagas espaciales" del tipo *Star Wars* o *Star Trek*, en 1924 se publica *El abismo ardiente*, de Nikolay Mukhanov.

En la literatura china, tenemos *El país de los gatos*, escrita por Lao She (1932), que narra un accidentado viaje a Marte, habitado por extraños seres con apariencia de gatos, de ahí el título. Y también la primera historia de ciencia ficción escrita en la República Popular China, *Desde la Tierra hasta Marte*, de trama obvia, escrita por Zheng Wenguang en 1954.

4. Para ver esta película pionera de la ciencia ficción, cuyos efectos especiales —solo visuales porque es muda— pondrán los pelos de punta a quien la vea, estás de suerte y podrás disfrutar de sus 80 minutos en https://www.youtube.com/watch?v=AD7UpfOKyU4

En Europa occidental también aparecen obras de ciencia ficción de clara inspiración "marciana". Las francesas *Un habitant de la planète Mars* (*Un habitante del planeta Marte*), de Henri de Parville (1865), y *Le prisonnier de la planète Mars* (*El prisionero del planeta Marte*), de Gustave Le Rouge (1908). Las británicas *Across the Zodiac: The Story of a Wrecked Record* (A través del Zodiaco: la historia de un registro perdido), de Percy Clegg (1880), novela que relata el increíble descubrimiento de una especie de energía antigravitacional, denominada "apergía", que permite a la humanidad realizar un viaje a Marte en una nave fabulosa de nombre Astronaut, siendo, quizá, la primera vez en la historia que se utiliza el término astronauta; y *Journey to Mars. The Wonderful World: Its Beauty and Splendor; Its Mighty Races and Kingdoms; Its Final Doom* (*Viaje a Marte. El mundo maravilloso: su belleza y esplendor*; *Sus poderosas razas y reinos*; *Su destino final*), de Gustavus W. Pope (1894), que podría haber servido de inspiración a Burroughs para su serie de Barsoon. Y la alemana *Auf Zwei Planeten* (Entre dos planetas), de Kurd Lasswitz (1897), que narra la guerra entre dos planetas, la Tierra y Marte.

A mediados ya del siglo XX aparecen tres obras maestras de la ciencia ficción "marciana": *Człowiek z Marsa* (*El hombre de Marte*), de Stanislav Lem (1946), *Red Planet* (*Planeta rojo*), de Robert A. Heinlein (1949) y, finalmente, *The Martian Chronicles* (*Crónicas marcianas*), de Ray Bradbury (1950).

Como puede apreciarse de esta variada recopilación, a pesar de lo equivocado que estaba Lowell respecto a la existencia de los marcianos, logró dejar en el imaginario popular la huella imborrable de esa civilización marciana que con tanto entusiasmo defendió.

El ocaso de los marcianos

La primera opinión desde la comunidad científica contra los canales de Marte y los marcianos vino de un astrónomo italiano, Vincenzo Cerulli, quien sostuvo la hipótesis de que las estructuras lineales descritas por Schiaparelli solo podían ser el resultado de ilusiones ópticas. Cerulli provenía de una familia acomodada y pudo permitirse la construcción de un observatorio privado cerca de Teramo, en Italia, en el que instaló un excelente telescopio refractor Cooke de 39 cm. Tras dedicarse a observar Marte desde 1893 hasta 1899 e intentar sin éxito confirmar las estructuras descritas por Schiaparelli, propuso una teoría óptica para explicar la visión de los canales. Sus análisis de los procesos de la visión y de la percepción a la hora de discernir detalles en la observación planetaria fueron pioneros en la investigación del uso del ojo humano como instrumento científico. Concluyó que cuando el ojo humano observa una imagen poco nítida con zonas oscuras y brillantes, el cerebro trata de "completar" la información que falta y crea patrones lineales entre las manchas. Los canales no eran más que una respuesta perceptiva visual del ojo humano y no verdaderas estructuras topográficas en la superficie de Marte.

El astrónomo inglés Edward Walter Maunder, también escéptico sobre la existencia de los canales, llevó a cabo en 1913 un experimento con unos 200 escolares a los que hizo dibujar, desde varias distancias, una lámina que representaba Marte, con pequeñas manchas y zonas oscuras irregulares, pero sin canales. Mientras que los estudiantes situados más cerca de la lámina la dibujaban fielmente, los más alejados no eran capaces de distinguir las estructuras de la lámina. En cambio, los dibujos realizados por los que estaban a distancias intermedias dibujaban líneas oscuras en lugar de las manchas. Este experimento llevó a Maunder a concluir que los canales se trataban de una ilusión óptica, confirmando las impresiones de Cerulli: cuando se alcanza el límite de la percepción visual, el cerebro tiende a crear patrones inexistentes para completar los vacíos.

En cualquier caso, el punto final en la comunidad científica a la discusión sobre la existencia de vida extraterrestre evolucionada en Marte lo puso el astrónomo greco-francés Eugène Michel Antoniadi. Tras la publicación de los primeros mapas de Schiaparelli en 1878, Antoniadi aceptó como ciertos los canales. Pero fue cambiado poco a poco su opinión y comenzó a pensar en los canales como una ilusión, un artefacto psicológico de la percepción humana. Coincidiendo con la oposición de Marte de 1909, tuvo la oportunidad de usar el mayor telescopio de la época, el gran refractor de 84 cm del observatorio astronómico de Meudon, cerca de París, y en la primera noche de observación, el 20 de septiembre, consiguió ver una imagen nítida de la superficie marciana, cubierta de detalles, pero ninguno geométrico, no había canales a la vista. Siguió observando más noches, pero esa primera noche sirvió para convencerle de que los canales de Marte no existían. Publicó sus resultados en 1930, en un libro titulado *La planète Mars* (El planeta Marte), con numerosas ilustraciones de Marte en las que no aparecía rastro alguno de canales, poniendo fin a la fiebre marciana, al menos en la comunidad científica. El lado positivo es que Antoniadi consiguió, gracias a su meticulosidad, realizar los mapas más detallados de Marte hasta la fecha. Para hacerse una idea del grado de detalle alcanzado, los mapas realizados por Antoniadi se utilizaron como referencia para las misiones robóticas que, décadas después, fueron enviadas hacia Marte.

La controversia sobre los canales fue cerrada "oficialmente" en 1965, cuando la sonda espacial robótica norteamericana Mariner 4 consiguió sobrevolar con éxito Marte por primera vez y envió a la Tierra un conjunto de 21 fotografías del planeta, en las que se mostraba un paisaje muy parecido a la Luna, plagado de cráteres, sin rastro alguno de agua líquida o canales. Y mucho menos, de marcianos.

Aun así, en otra de las piruetas del destino que une irremediablemente a Marte con la humanidad, el término "canales de Marte" no desapareció del todo, sino que fue retomado por los científicos para indicar, esta vez, extensas cuencas en la superficie, que no tienen nada que ver con las ilusiones ópticas de Schiaparelli y Lowell, y según la geomorfología planetaria, podrían ser resultado de antiguas vías fluviales ahora secas o de corrientes de lava superficial. Pero de eso no toca hablar todavía.

Las primeras imágenes de la superficie de Marte enviadas por la Mariner 4 pusieron el punto final a la controversia de los canales en Marte y fueron el primer paso hacia la exploración robótica del planeta rojo. Marte se convertía, de nuevo, en un horizonte inexplorado lleno de incógnitas.

CAPÍTULO 3

El desembarco robótico en Marte

En los comienzos de la astronáutica, allá por el primer cuarto del siglo XX, pioneros como el ruso Konstantín Tsiolkovsky, el estadounidense Robert Goddard o el alemán Hermann Oberth comenzaron a estudiar el modo de enviar ingenios voladores al espacio. Es en la segunda mitad del siglo XX cuando, de la mano de los ingenieros Serguéi Koroliov, de la antigua Unión Soviética (URSS) y Wernher von Braun, alemán "emigrado" a Estados Unidos, la humanidad dejó atrás los límites del planeta Tierra y comenzó realmente la exploración espacial. La URSS inició esa epopeya con el lanzamiento exitoso, en 1957, del primer satélite en órbita terrestre, el Sputnik (literalmente, 'compañero de viaje'). A partir de entonces, las dos grandes potencias de entonces, la URSS y Estados Unidos, comenzaron la carrera espacial.

En esta carrera, los soviéticos se impusieron prácticamente en todas las "etapas" (el primer satélite en órbita, el primer ser vivo en el espacio, el primer hombre y la primera mujer en el espacio, el primer paseo espacial de un ser humano, el primer objeto en ser lanzado a otro cuerpo celeste) excepto, quizá, en la más importante de todas, la llegada de seres humanos a la superficie de la Luna, que fue lograda por

Estados Unidos el 19 de julio de 1969 con el aterrizaje exitoso del módulo lunar de la misión Apolo 11 en el mar de la Tranquilidad.

De la Tierra a Marte

Sin echar mano de la ciencia ficción, viajar a Marte es complicado y requiere tiempo. La restricción a la hora de usar una cantidad limitada de combustible, junto con el movimiento relativo entre ambos planetas, obliga a planificar los lanzamientos de las naves espaciales al planeta rojo en función del momento más propicio en que las posiciones relativas de ambos planetas permiten que el gasto de combustible sea mínimo. Estos momentos, que suelen tener una duración de pocas semanas, se denominan ventanas de lanzamiento y, en el caso de Marte, se dan cada 780 días, que coincide con el periodo sinódico de Marte con respecto a la Tierra (25 meses y medio), es decir, el tiempo que tardan ambos planetas en estar en las mismas posiciones relativas entre sí.

La trayectoria que utiliza el menor gasto de combustible es la que requiere un menor impulso inicial para escapar del campo gravitatorio terrestre y hace un mayor uso del impulso que el campo gravitatorio del Sol imprime a la nave y la conduce hacia Marte. En 1925 el ingeniero alemán Walter Hohmann demostró que la trayectoria que requería la energía mínima para ir a Marte necesitaba solamente dos impulsos. Uno inicial desde la órbita de la Tierra y otro de frenado a la llegada a Marte. Entre estos dos puntos, la nave describe media elipse con el Sol en uno de sus focos, como los planetas. Esta trayectoria se conoce como órbita de transferencia de Hohmann, pues la trayectoria que describe la nave espacial es una transferencia desde la órbita terrestre hasta la órbita marciana.

Al encuentro de Marte

Marte es, en cierto sentido, un "devorador" de naves espaciales. Quizá por el influjo de ese dios guerrero que atemorizó a nuestros antepasados y que quiere seguir ocupando su lugar de privilegio en el cielo, de las 44 misiones espaciales que han sido enviadas a Marte hasta 2020, solo 24 han conseguido cumplir su objetivo. Hay ahora mismo tres misiones en camino, que llegarán a Marte en 2021. Crucemos los dedos para que tengan éxito.

Volviendo a la carrera espacial, era cuestión de tiempo que el objetivo fuera explorar otros mundos y qué mejor punto de partida que el planeta hermano donde los astrónomos parecían haber descubierto que la vida había prosperado igual que en la Tierra. Ambas potencias comenzaron a enviar naves espaciales al planeta rojo a comienzos de los años sesenta. La primera en hacerlo fue la URSS, que en octubre de 1960 envió las misiones Mars 1M con la intención de sobrevolar Marte. En esa primera etapa de la exploración espacial era muy habitual enviar misiones "por parejas", con la intención de que, si una fallaba, al menos la otra tuviera éxito y completara la misión. En este caso, por desgracia, ambas misiones, 1M-1 y 1M-2, lanzadas con cuatro días de diferencia, fallaron debido a sendos lanzamientos defectuosos.

Tan solo cuatro años después, en 1964, Estados Unidos tuvo mucha mejor suerte con su primer intento de enviar una nave espacial con destino a Marte. En noviembre de ese año, con 23 días de diferencia, la NASA envió dos misiones "gemelas" a Marte, las Mariner 3 y 4. Mientras que la Mariner 3 sufrió un fallo al tratar de liberar la nave de la cofia protectora y quedó a la deriva, la misión Mariner 4 logró iniciar su viaje sin problemas. De este modo, y haciendo honor a su nombre, el navegante (en inglés, *mariner*) surcó las silenciosas profundidades del espacio rumbo a Marte.

El 14 de julio de 1965, tras siete meses y medio de travesía por el espacio, la Mariner 4 logró el hito histórico de sobrevolar Marte a una distancia de entre 9.846 y 17.000 km de su superficie. A una velocidad de 1,7 km/s (6.120 km/h), tuvo tiempo de tomar 22 fotografías, las primeras imágenes jamás obtenidas de otro planeta por una nave espacial. Con la tecnología de esa época, la transmisión a la Tierra de las 22 imágenes se hizo por partida doble para prevenir la corrupción de datos y llevó una enorme cantidad de tiempo, finalizando el 3 de agosto.

Lo que mostraron esas imágenes en blanco y negro, borrosas y fantasmales, no se parecía en nada a la imagen del planeta rojo que se tenía hasta ese momento. Muy al contrario, la superficie aparecía plagada de cráteres y tenía un enorme parecido con los inhóspitos paisajes lunares. A pesar de que las imágenes solo abarcaban un 1% de la superficie total del planeta rojo, no había ni rastro de canales, ni de mares u océanos, ni mucho menos de vegetación o cualquier tipo de vida inteligente. Bastaron 25 minutos de sobrevuelo sobre Marte para eliminar de un plumazo la imagen creada durante décadas de un planeta recorrido por inmensos canales y habitado por una civilización avanzada. Marte volvía a ser, de nuevo, un enigma que debía desvelarse.

Sobrevuelo, órbita y aterrizaje

Tan solo un par de semanas después de que Armstrong y Aldrin pusieran el pie en la Luna, en un lapso de seis días entre el 31 de julio y el 5 de agosto de 1969, las misiones estadounidenses Mariner 6 y 7 sobrevolaron con éxito Marte. El conjunto mejorado de cámaras a bordo respecto a la limitada resolución de las cámaras a bordo de la Mariner 4 permitió realizar un total de 201 imágenes que desvelaron una mayor extensión del planeta, cubriendo, aproximadamente, un 20% de la superficie total. ¿Era realmente el planeta rojo un planeta inhóspito y muerto como parecía deducirse de las imágenes de la Mariner 4? Las imágenes parecían corroborarlo, pero era necesario dar un paso más. Era necesario poner una nave espacial en órbita alrededor de Marte.

En la siguiente ventana de lanzamiento a Marte, la de 1971, se consiguieron dos hitos trascendentales: colocar una nave espacial en órbita de Marte y alcanzar la superficie del planeta. Fueron los soviéticos los que consiguieron alcanzar la superficie de Marte por partida doble, aunque con éxito limitado. Las dos misiones que enviaron a Marte ese año, la Mars 2 y la Mars 3, consiguieron aterrizar en el planeta rojo. Ambas misiones constaban de una nave orbitadora y de un módulo de aterrizaje. La primera en llegar a Marte fue la Mars 2, el 27 de noviembre de 1971. El módulo de aterrizaje inició el descenso hacia el planeta, pero no consiguió frenar correctamente, estrellándose contra la superficie de Marte. Fue el primer ingenio humano que alcanzó la superficie de Marte (también fue el primero en llegar a otro planeta), aunque fuera impactando contra ella de manera catastrófica. La nave orbitadora tuvo más suerte y consiguió situarse en órbita alrededor de Marte. A pesar de ello, no fue la primera en alcanzar la órbita marciana, se le adelantaron solo por unos días.

Ese hito fue logrado por la misión estadounidense Mariner 9, que se convirtió en el primer satélite artificial de Marte, adelantándose a los soviéticos solo por unos días. Llegó al planeta rojo el 13 de noviembre con la misión de elaborar desde su órbita el más detallado mapa de Marte hasta la fecha, pero le esperaba una inesperada sorpresa. El planeta estaba sometido a una tormenta de polvo global que impedía distinguir la superficie, por lo que la nave esperó pacientemente a que la tormenta se disipara para comenzar su trabajo. Antes de que esto ocurriera, las primeras imágenes mostraron unas estructuras que sobresalían por encima de la densa polvareda y que sorprendieron a los científicos, pues se trataba de la parte superior de estructuras volcánicas. Para llegar a sobresalir por encima de la tormenta debían de tratarse de estructuras gigantescas, mucho mayores que los volcanes terrestres. Se avecinaban grandes sorpresas. Cuando la tormenta finalmente se disipó a finales de enero de 1972, comenzó el envío de imágenes durante, aproximadamente, todo ese año.

Las imágenes, más de 7.000, supusieron una revolución en el conocimiento que se tenía hasta entonces del planeta, basado en las imágenes de las misiones precedentes. Mostraban, de manera inequívoca, que el viento y, probablemente, también el agua, eran los responsables de las estructuras que aparecían en la superficie de Marte. También aparecieron finalmente las gigantescas estructuras volcánicas cuyas cumbres asomaban sobre la tormenta de polvo. Algunos de los volcanes superaban los 15 km de altitud y uno en particular alcanzaba los 23 km, convirtiéndose en el volcán más alto de todo el Sistema Solar: Olimpus Mons. Pero había una estructura colosal que llamó la atención por encima de todas las demás. Una enorme "cicatriz" de más de 4.000 km de longitud que recorría el planeta rojo a lo largo del ecuador, un cañón que hacía que el Gran Cañón del Colorado pareciera una miniatura. Fue bautizado como Valles Marineris, precisamente en honor a la nave espacial que lo había descubierto. Otro gran descubrimiento fue la ausencia de campo magnético global.

¿Y qué pasó con la Mars 3? Su orbitador funcionó correctamente y su módulo de aterrizaje corrió mejor suerte que su predecesor, consiguiendo llegar sin problema hasta la superficie marciana y convirtiéndose así en la primera nave espacial que aterrizaba con éxito en Marte. Era el 2 de diciembre de 1971 y, nada más aterrizar, el módulo comenzó la transmisión de datos al orbitador. Por desgracia, solo consiguió transmitir desde la superficie marciana durante 20 segundos, antes de quedarse definitivamente en silencio. Se cree que la gran tormenta global de polvo que azotaba el planeta en esos momentos fue la responsable del fallo de comunicación. En esos breves instantes, la Mars 3 consiguió enviar una imagen de la superficie, pero era demasiado oscura y borrosa para poder distinguir nada. Fue un éxito agridulce. Alcanzar la superficie de Marte fue un extraordinario logro tecnológico, pero no dio muchos frutos científicos, pues los módulos no consiguieron realizar ningún tipo de análisis *in situ*. Hubo que esperar cinco años para lograrlo, pero los resultados superaron todas las expectativas.

Los vikingos aterrizan en Marte

En 1976, los estadounidenses se jugaron todo a una carta (en realidad, a dos) enviando las misiones gemelas Viking a Marte. Los soviéticos habían demostrado que se podía aterrizar en Marte, pero no consiguieron obtener ningún dato científico relevante desde la superficie, ni siquiera una imagen. Por eso, los americanos se jugaron el todo por el todo en esta ambiciosa misión, a la que bautizaron con el nombre de los valientes exploradores nórdicos que se aventuraron en el pasado a explorar nuevos confines. Se trataba de dos naves gemelas, Viking 1 y Viking 2, cada una de ellas compuesta por un orbitador y un módulo de aterrizaje. Esta misión superó con creces a su predecesora soviética, pues ambos orbitadores se situaron correctamente en órbita y los dos módulos de aterrizaje consiguieron aterrizar con éxito sobre la superficie marciana. El módulo Viking 1 aterrizó el 20 de julio de 1976 en Chryse Planitia (la llanura dorada), mientras que su gemelo Viking 2 aterrizó mes y medio después, el 3 de septiembre, en Utopia Planitia, en una región situada cerca del polo norte marciano. Es importante señalar que este gran éxito se produjo tan solo siete años después de la llegada de los primeros seres humanos a la Luna y tres después del regreso de los últimos que la pisaron. Los orbitadores obtuvieron, a lo largo de seis años de funcionamiento, más de 50.000 imágenes de Marte, consiguiendo abarcar prácticamente la totalidad de la superficie del planeta. Las imágenes mostraban, con una resolución sin precedentes, volcanes, extensas llanuras de lava, inmensos cañones, grandes áreas plagadas de cráteres, estructuras características formadas por el viento y evidencia de la existencia pasada de agua líquida en la superficie. Se apreciaba por vez primera que el planeta presentaba dos regiones hemisféricas claramente diferenciadas: las llanuras bajas del norte y las tierras altas llenas de cráteres del sur. Además, en estas regiones se superponían las dos grandes protuberancias de Tharsis y Elysium, dos extensas regiones volcánicas elevadas situadas cerca del ecuador que contenían los grandes volcanes marcianos.

A diferencia de los soviéticos, los módulos de aterrizaje Viking funcionaron perfectamente, convirtiéndose en las primeras naves espaciales en analizar *in situ* la superficie de Marte. Tomaron las primeras imágenes de alta resolución del paisaje marciano, midieron datos atmosféricos y analizaron la composición geológica de la superficie. Una nueva imagen de Marte comenzaba a tomar forma gracias al desembarco robótico.

La primera imagen de la superficie de Marte fue tomada por el módulo Viking 1 tan solo unos minutos después de aterrizar y mostraba una superficie plagada de rocas de diferentes tamaños y una de las patas de apoyo del módulo firmemente apoyada en el suelo. Era una imagen sobrecogedora, pues podría pasar por una imagen tomada en la Tierra. Cuando las cámaras situadas sobre el módulo hicieron, a continuación, la primera imagen panorámica de la zona de aterrizaje, se confirmó esa extraña sensación de familiaridad. El paisaje marciano era inquietantemente parecido a algunos paisajes inhóspitos de la Tierra. Esas primeras imágenes de la superficie de Marte eran bastante diferentes a las de la superficie lunar y llevaron a pensar a los científicos que las condiciones del planeta rojo eran más parecidas a la Tierra de lo que parecían indicar las imágenes desde la órbita.

Como no podía ser de otra forma, una vez llegados a la superficie, el ansiado objetivo astrobiológico de descubrir vida en Marte estaba ahora al alcance de la mano. O, mejor dicho, al alcance de un brazo robótico. Entre los instrumentos a bordo del módulo había uno en concreto, denominado *labeled release experiment* (algo así como 'experimento de residuos marcados'), que tenía un único objetivo: buscar signos de vida microbiana en Marte.

El experimento consistía en tomar una muestra de suelo marciano y mezclarla con nutrientes basados en el nitrógeno y agua líquida. Los nutrientes estaban "marcados" con compuestos de carbono radiactivo (en lugar del isótopo estable C^{12}, estos compuestos contenían el isótopo radiactivo C^{14}), que podían ser "rastreados" por el analizador a bordo. Si había microorganismos en la muestra, estos metabolizarían los nutrientes y quedaría un rastro de ese metabolismo en los gases producidos en la cámara de análisis. En concreto, se detectaría el carbono radiactivo presente en el dióxido de carbono o metano producidos (ambas moléculas poseen átomos de carbono).

Llegado el momento, los brazos robóticos tomaron las muestras y las introdujeron en las cámaras. A continuación, se añadieron los nutrientes y se esperó pacientemente antes de comenzar el análisis de los gases producidos. Se detectó dióxido de carbono y se confirmó que contenía el marcador radiactivo. ¡Eureka!, se había producido metabolismo, había vida en Marte. Y por partida doble, nada menos. Ambos módulos habían obtenido resultados positivos, a pesar de estar separados miles de kilómetros en la superficie marciana. ¿Era posible que la vida en Marte estuviera tan extendida? Los resultados eran sorprendentes y, a la vez, contradictorios. Todo parecía demasiado perfecto para ser verdad, pero ¿qué otra posibilidad habría?, ¿qué otro proceso podría haber tenido lugar, aparte del metabolismo? Después del entusiasmo inicial y de un análisis exhaustivo, la comunidad científica llegó a la conclusión de que lo más plausible era que la presencia de los compuestos detectados fuera realmente debida a reacciones químicas "inesperadas" debidas a la presencia en las muestras del suelo marciano de compuestos oxidantes como los percloratos, un tipo de sales también presentes en la Tierra, cuya reacción con los nutrientes del experimento imitara al metabolismo de microorganismos. Se trataba, casi con toda seguridad, de reacciones químicas de origen geológico y no biológico. Aun así, la controversia sigue. ¿Quién sabe si realmente detectamos vida en Marte hace ya cuarenta años y no hemos sido capaces de reconocerla?

Siete minutos de terror

Si llegar a Marte es complicado, tras un viaje de unos 140 millones de km, no lo es menos aterrizar en su superficie. Las naves que llegan a Marte y se dirigen directamente hacia su superficie lo hacen a una velocidad de unos 22.000 km/h. Es necesario realizar una serie de maniobras de frenado que permitan a las naves aterrizar con seguridad en la superficie de Marte. En solo siete minutos, un sistema totalmente automático debe controlar todo el proceso hasta el aterrizaje. Es lo que en la jerga técnica se conoce como secuencia de entrada atmosférica, descenso y aterrizaje (EDL, de *entry, descent and landing*).

En primer lugar, se debe producir un frenado aerodinámico por la fricción con la atmósfera marciana, para lo que la trayectoria de entrada debe hacerse con el ángulo adecuado, y debe utilizarse un escudo térmico que proteja la nave del aumento de temperatura producido por la fricción con las capas altas de la atmósfera. A continuación, cuando se ha alcanzado una velocidad adecuada, se despliega un gran paracaídas, proporcionando un frenado adicional. Un sistema de radar controla en todo momento la altitud e identifica el lugar de aterrizaje, y diferentes sensores controlan la orientación y velocidad. Los encargados de separar las diferentes partes a lo largo del descenso son los dispositivos pirotécnicos: escudo térmico, paracaídas y estructuras protectoras. La parte final del descenso suele controlarse con retrocohetes o con otros sistemas de frenado más exóticos de los que hablaremos más adelante, que consiguen frenar lo suficiente a la nave para que aterrice finalmente en la superficie de Marte.

Todo el proceso dura siete minutos y se hace de modo automático, sin ningún tipo de intervención desde la Tierra. Por ese motivo se conocen como "los siete minutos de terror". Si todo ha ido bien, hay que esperar en torno a 10-15 minutos para que la comunicación llegue a la Tierra desde Marte. Suelen ser momentos muy tensos, donde los equipos de ingenieros y científicos de las misiones se juegan años de esfuerzo y trabajo duro. No es de extrañar que se abracen y aplaudan con ese entusiasmo que vemos en las imágenes en directo a través de la televisión cuando reciben la confirmación de que la nave ha aterrizado.

Después del éxito agridulce de la misión Viking, la decepción de los resultados de la búsqueda de vida microbiana en Marte hizo decaer un poco el interés por el planeta rojo. Además, los esfuerzos se dirigieron en ese momento hacia el desarrollo de los transbordadores espaciales, que servirían para la construcción de la nueva Estación Espacial Internacional. Un cambio de rumbo que dejó de apuntar hacia el planeta rojo.

Durante más de dos décadas, desgraciadamente, la exploración de Marte solo produjo fracasos. En 1989 la misión soviética Phobos 1, que constaba de orbitador y módulo de aterrizaje, se perdió en el camino hacia Marte; y la gemela Phobos 2, también enviada ese año, perdió la comunicación con la Tierra cerca de su objetivo final, la luna marciana

Fobos. Por su parte, la misión estadounidense Mars Observer, lanzada en 1992, perdió la comunicación con la Tierra el 22 de agosto de 1993, solo unos días antes de la llegada prevista a Marte.

Hubo que esperar 20 años para que los estadounidenses llegaran de nuevo a Marte, pero la espera mereció la pena pues se trataba de dos ambiciosas misiones que revolucionarían la exploración marciana. Un orbitador y un módulo aterrizador en el que se probarían, por vez primera, un novedoso sistema de aterrizaje y un vehículo móvil en la superficie marciana.

Marte, a vista de pájaro

Se podría decir que uno de los grandes éxitos logrados por los estadounidenses en la exploración marciana fue la misión Mars Global Surveyor (MGS). Se trataba de un orbitador que contaba entre sus instrumentos a bordo, con algunos de la malograda Mars Observer y también con un avanzado sistema de cámaras de última tecnología que permitiría disponer de información detallada de la superficie de Marte con el objetivo de determinar los lugares de especial interés y las posibles zonas de aterrizaje futuras. Además, se encargaría de realizar un estudio topográfico global de Marte y estudiaría su magnetismo, composición mineral de la superficie y la dinámica atmosférica. Lanzada en 1996, la MGS llegó a Marte un año después, pero tuvo que realizar una serie de maniobras de aerofrenado en su trayectoria alrededor de Marte hasta alcanzar la órbita definitiva en marzo de 1999, a unos 450 km de altitud. Se trataba de una órbita circular polar, por lo que la nave era capaz, órbita tras órbita, de cubrir toda la superficie del planeta con sus instrumentos conforme este giraba alrededor de su eje. La nave describía una vuelta completa al planeta cada dos horas.

Las imágenes obtenidas por las cámaras de la MGS tenían una resolución sin precedentes y confirmaban los hallazgos de las imágenes de la Mariner 9: que en Marte había actividad debida al viento, al polvo y al agua y permitían refinar las teorías sobre erosión, hidrología y meteorología en Marte. Había formaciones claramente obra de la acción del agua y el viento. Se confirmaba que Marte era un planeta todavía activo en términos de climatología y había habido grandes cantidades de agua líquida en la superficie en el pasado. Esta confirmación de la presencia de agua era la evidencia de que la vida podría haber existido, o seguir todavía presente, en Marte.

Huellas de ruedas sobre Marte

La segunda misión que enviaron los estadounidenses a Marte en 1996 era la Mars Pathfinder. Su propio nombre, "pionero en Marte", indicaba que había numerosos aspectos novedosos en su diseño y planteamiento. Aterrizó en Ares Vallis, un extenso cauce ya seco que desemboca en la zona de Chryse Planitia, el 4 de julio de 1997. Era un demostrador de tecnología para probar una nueva forma de aterrizaje que no usaba los retrocohetes sino grandes airbags que rodeaban por completo el módulo y lo protegían del impacto contra la superficie. Posteriormente, una vez detenido, los airbags se desinflaban y dejaban el módulo, sano y salvo, sobre el suelo marciano. El "caparazón" que lo protegía, de forma tetraédrica, constaba de tres pétalos que se abrían y dejaban a la vista el módulo. Cada pétalo era, a su vez, un panel solar y en uno de ellos descansaba una de las novedades enviadas por vez primera a Marte. Se trataba del róver Sojourner, bautizado así en honor a la defensora americana de los derechos civiles Sojourner Truth. Con el tamaño de un microondas y un peso de 10,5 kg, disponía de seis pequeñas ruedas para desplazarse sobre la superficie de Marte. Era totalmente autónomo, se comunicaba con el módulo de aterrizaje por medio de una pequeña antena y las cámaras a bordo del módulo servían para guiarlo.

Las imágenes del paisaje circundante no dejaban lugar a dudas. Aparecían por todos los lados rocas de distintos tamaños, formas y tonalidades, lo que era un claro indicio de que la zona de aterrizaje era el cauce seco de una antigua avenida de agua que había arrastrado hasta allí todo tipo de rocas, además de arena y polvo.

Se dirigió al pequeño róver a través del terreno circundante con el objetivo de que este utilizara sus instrumentos a bordo para analizar rocas de interés. Se observaron guijarros y conglomerados que tuvieron que formarse en presencia de corrientes de agua hace miles de millones de años, en un pasado húmedo en el que el agua líquida se encontraba estable en cantidades apreciables en la superficie marciana. A pesar de la brevedad de la misión, pues solo estuvo en funcionamiento tres meses, los resultados obtenidos fueron muy interesantes y devolvieron el interés por la exploración marciana.

Una cuestión de unidades

Desgraciadamente, el renacimiento por el interés en la exploración de Marte volvió a sufrir la "maldición" que persigue a los intentos de la humanidad por explorar el planeta rojo. Así, las cuatro misiones siguientes enviadas a Marte no consiguieron llegar con éxito a su objetivo. La misión ruso-europea Mars 96 se perdió en un accidente del cohete lanzador. La misión japonesa Nozomi ('esperanza', aunque luego rebautizada como Planet B), lanzada en 1998, no consiguió el impulso necesario para alcanzar correctamente la órbita de Marte. La misión estadounidense Mars Climate Orbiter se extravió a su llegada a Marte en 1999, y lo mismo les ocurrió a las naves Mars Polar Lander/Deep Space 2 en 1999. El caso del módulo de aterrizaje Mars Polar Lander fue especialmente trágico. Llegó sin novedad a Marte el 3 de diciembre de 1999; sin embargo, después de completar la fase de descenso, el módulo no pudo restablecer la comunicación con la Tierra. Un análisis posterior de los datos determinó que se produjo un apagado prematuro del motor de frenado antes de que el módulo tocara la superficie, haciendo que se estrellara contra el planeta. La causa más probable del fallo fue un uso incorrecto del sistema de unidades utilizadas en las ecuaciones de la programación de vuelo, lo que causó la pérdida de centenares de millones de dólares.

Por suerte, en 2001 parece que la "maldición" desapareció y la misión estadounidense Mars Odyssey logró situarse en órbita. Contaba con instrumentos diseñados para hacer observaciones globales del planeta, pero, sobre todo, iba a servir de transmisor de datos para las futuras misiones estadounidenses y europeas que serían enviadas a Marte en la ventana de 2003.

El año 2003 fue un año "marciano", en el que las agencias espaciales europea (ESA) y estadounidense (NASA) enviaron importantes misiones al planeta rojo. La ESA lanzó la misión Mars Express, un orbitador con un pequeño módulo de aterrizaje acoplado, el Beagle 2; y la NASA lanzó una ambiciosa misión de exploración robótica doble: los Mars Exploration Rovers, los róveres de exploración de Marte Spirit y Opportunity.

El asalto europeo de Marte

La misión Mars Express de la ESA llegó a Marte en diciembre de 2003. Constaba de un orbitador y de un módulo de aterrizaje británico, el Beagle 2, que corrieron suerte dispar. El módulo, muy simple, tenía la forma de una gran lenteja de

1,5 m de diámetro y disponía de un brazo telescópico en cuyo extremo contaba con varios instrumentos para estudiar el entorno marciano. Por desgracia, su aterrizaje fue defectuoso y no logró comunicarse con el orbitador. Recientemente se ha descubierto su ubicación revisando imágenes rutinarias de la superficie tomadas por los orbitadores. Se encuentra en Isidis Planitia, un antiguo cráter muy erosionado situado en el hemisferio norte. Revisando las imágenes se confirmó que realmente la nave aterrizó con éxito y consiguió desplegar, como pétalos, los paneles solares sobre la superficie. Por desgracia, parece que no pudo llegar a desplegar con éxito la antena que le hubiera permitido establecer comunicación y comenzar a funcionar. Otro testigo mudo del esfuerzo titánico por conquistar otro mundo.

El orbitador Mars Express fue, sin embargo, un éxito rotundo. Tanto, que todavía sigue en funcionamiento, convirtiéndose en una de las misiones más longevas en Marte. En estas casi dos décadas de funcionamiento ha hecho numerosos e interesantes descubrimientos. Realizó un estudio pormenorizado de los polos marcianos, descubriendo que consisten en un 85% de dióxido de carbono y en un 15% de hielo de agua. Confirmó la existencia de extensos depósitos de hielo de agua y de zonas donde el agua líquida circuló en el pasado. La existencia de agua subsuperficial confirmaba la idea de un Marte más húmedo en el pasado, donde las condiciones de entonces permitirían la existencia de agua líquida en la superficie, y que, paulatinamente, fueron cambiando hasta convertir el planeta rojo en el planeta frío, seco y árido actual.

Otro interesante descubrimiento fue la existencia de metano y amoniaco en la atmósfera marciana. Dado que el tiempo de vida medio de estos gases en la atmósfera es de unos pocos siglos, era de suponer que los gases detectados procedían de fuentes recientes, como podía ser la actividad volcánica, la hidrotermal y, claro está, también la biológica.

Dos geólogos sobre ruedas

La NASA hizo una arriesgada apuesta en su Programa de Exploración de Marte en la ventana de lanzamiento de 2003. La ventana sería la más favorable en 18 años, lo que permitiría lanzar una misión doble: los Mars Exploration Rovers (MER). En concreto, se trataba del MER A, bautizado como Spirit, y del MER B, denominado Opportunity. Debido a que el sistema de aterrizaje utilizaba grandes airbags, como en la Mars Pathfinder, para seleccionar los lugares de aterrizaje se tuvo en cuenta que el relieve no fuese demasiado abrupto. Finalmente, las zonas de aterrizaje se eligieron en hemisferios distintos y muy alejados entre sí para evitar en todo lo posible un solapamiento de las operaciones.

En enero de 2004, con pocas semanas de diferencia, ambos róveres consiguieron aterrizar en Marte. El primero fue Spirit, que logró lo que en golf se conoce como "hoyo en uno": aterrizó en el interior de un cráter. Este, de 166 km de diámetro y denominado Gusev, está situado en la zona ecuatorial del planeta, en el hemisferio sur. El segundo en llegar a Marte fue Opportunity, que aterrizó en la zona de Meridiani Planum, una región también ecuatorial, pero en el hemisferio norte y situado en las antípodas de su gemelo.

Los MER eran enormes comparados con su predecesor, el pequeño Sojouner. Tenían un peso de 174 kg y unas dimensiones de 1,4 m de largo, 1,2 m de ancho y una altura de 1,5 m, una vez desplegado el mástil con las cámaras. Con los paneles solares desplegados horizontalmente sobre la parte superior, alcanzaban los 2,25 m de largo por 1,7 m de ancho, el tamaño de un carrito de golf. Los róveres estaban dotados, como el Sojourner, de seis ruedas, aunque de mayor tamaño (26 cm de diámetro y 16 cm de ancho de los MER, frente a los 10 cm de diámetro de las del Sojourner), fabricadas en aluminio y cada una con un motor eléctrico independiente. Los róveres eran verdaderos laboratorios geoquímicos sobre ruedas. Estaban dotados de cámaras en el extremo superior del mástil y también contaban con un brazo robótico desplegable, con cuatro instrumentos en el extremo, cepillos, taladros, microscopios y espectroscopios, capaces de analizar las rocas y obtener su composición química y mineralógica.

Siguiendo la consigna de la NASA de "perseguir el agua", los dos lugares elegidos para el aterrizaje presentaban pruebas inequívocas de la existencia de agua líquida en el pasado. En el caso del cráter Gusev, el canal Ma'adim Vallis (recordemos que Ma'adim era el nombre árabe para Marte, como vimos en un capítulo anterior) desemboca en ese cráter, por lo que todo hacía pensar que el cráter había sido un lago en el pasado. ¿Y qué mejor sitio para explorar el pasado húmedo de Marte que el lecho seco de un antiguo lago? Por otro lado, la nave MGS había detectado desde la órbita pruebas de la existencia de hematita (un óxido de hierro) en Meridiani Planum, un mineral que solo se forma en presencia de agua líquida.

Los dos róveres fueron diseñados para funcionar durante, al menos, 90 días, pero superaron de largo todas las expectativas. Spirit funcionó durante 5 años antes de que algunas de sus ruedas se atascaran en terreno arenoso en abril de 2009 y lo dejaran definitivamente inutilizado en marzo de 2010. Había recorrido unos 8 km sobre la superficie de Marte. Su gemelo Opportunity funcionó durante 15 años, una marca increíble que difícilmente será superada por otro ingenio humano en la superficie de otro planeta. Curiosamente, el fin de sus días no fue debido a ningún fallo técnico o atasco en el terreno, sino a la tormenta global de polvo que sufrió Marte en 2018, la segunda que vivía el róver después de la de 2007, que impidió que sus paneles solares pudieran recargar las baterías y lo dejó detenido para siempre el 13 de febrero de 2019 después de recorrer más de 45 km sobre la superficie de Marte. Un logro tecnológico sin parangón que ningún otro vehículo con ruedas enviado a otro cuerpo celeste ha podido alcanzar, ni siquiera los vehículos soviéticos lunares Lunokhod 1 y Lunokhod 2, enviados a la Luna en los años setenta.

Los resultados científicos de los róveres fueron sorprendentes y, algunos, inesperados, como el descubrimiento de meteoritos. Realizaron estudios atmosféricos, con la medición de rangos térmicos o la evaluación de la erosión eólica, y determinaron la distribución y analizaron la composición de rocas, minerales y suelos sobre la superficie de Marte. Pero, por encima de todos ellos, demostraron que Marte fue un mundo habitable hace miles de millones de años, con agua líquida estable sobre su superficie durante largos periodos de tiempo. Como curiosidad, los MER fueron los primeros en mostrar que Marte no es realmente rojo, sino de tonalidades marrones, grisáceas o incluso verdosas, dependiendo de los minerales. Los róveres iban equipados con unos cepillos limpiadores que podían eliminar el polvo rojizo que cubría las rocas y dejar al descubierto el color de debajo.

Spirit encontró evidencias de antiguos manantiales hidrotermales y Opportunity descubrió en Meridiani Planum lechos secos de antiguas lagunas que habían tenido agua líquida hace más de 3.500 millones de años, un entorno ideal para ciertos microorganismos de la Tierra. Uno de los descubrimientos más relevantes lo hizo Opportunity cuando llegó al cráter Endeavour en 2011. Al acercarse a explorar el borde del cráter de impacto, de 22 km de diámetro, el róver descubrió los materiales más antiguos que se han analizado *in situ* hasta ahora en Marte. Se trataba de sedimentos de arcilla y yeso de unos 4.000 millones de años, expuestos en el borde del cráter. La arcilla se forma en presencia de agua, de modo que la presencia de depósitos arcillosos fósiles en Marte era un descubrimiento de enorme relevancia, pues era la prueba de que Marte tenía un pasado húmedo parecido a la Tierra, lo que significaba que existía la posibilidad de que en Marte hubiera surgido la vida entonces, e incluso que siguiera todavía allí. En la Tierra, la arcilla se deposita lentamente en el agua y forma pequeñas estructuras sedimentarias a modo de láminas que se apilan y endurecen con el tiempo, sellando lo que queda atrapado entre las capas como si fuera un molde. De esta forma, las arcillas fósiles halladas en Marte podrían haber sellado y preservado en el tiempo los componentes presentes entonces, convirtiéndose así en un reservorio de posibles estructuras (quién sabe si biológicas) pasadas. Algo así como un cofre del tesoro esperando ser encontrado.

El extraordinario legado científico de los MER sirvió para refinar muchas de las actuales teorías sobre posible existencia de vida en el Marte primitivo, un objetivo prioritario en la búsqueda de vida fuera de la Tierra. Pero aún quedaba algo por hacer, "tocar" el agua de Marte. Y eso fue lo que hizo una misión que resurgió de las cenizas de la malograda Mars Polar Lander.

Tocando el agua de Marte

La misión estadounidense Phoenix aterrizó en las llanuras árticas de Vastitas Borealis de Marte el 25 de mayo de 2008. Es la nave que ha aterrizado más cerca de un polo marciano, concretamente el polo norte. Se trataba de una plataforma con patas dotada de dos grandes paneles solares para obtener la energía que se desplegaban a ambos lados como dos inmensos paipáis. Dado que el módulo Viking 2 había aterrizado previamente en latitudes altas y había detectado la formación de nieve, el objetivo de Phoenix era confirmar la presencia de depósitos de hielo de agua y analizarla. Para ello disponía de un brazo robótico que le permitió excavar en la zona de aterrizaje. A pesar de que el terreno excavado era muy poco profundo, unos pocos centímetros, aparecieron pruebas inequívocas de la presencia de hielo de agua subsuperficial. Phoenix fue la primera nave que consiguió recoger y analizar muestras de agua en Marte. Además, la detección de nieve en la atmósfera confirmó la existencia en la actualidad de un ciclo de agua en Marte.

Tal y como se esperaba, la llegada del otoño en el ártico marciano, lugar de aterrizaje de la Phoenix, impidió a los paneles solares de la plataforma recoger la suficiente cantidad de luz para cargar las baterías, dejando finalmente inoperativa la sonda tras cinco meses de funcionamiento. A pesar de ello, la misión superó los tres meses de operación previstos y fue considerada un gran éxito. Además de la confirmación de la existencia del hielo subsuperficial, se detectó la presencia de percloratos, esas sales que ya habían descubierto los módulos Viking, que elevaban la salinidad de los depósitos de agua y que permitían la formación de salmueras. El descubrimiento de hielo de agua tan cerca de la superficie indicaba que había mucha más de la esperada, lo que representaba una excelente noticia para los astrobiólogos, que se frotaban las manos ante la idea de que esa agua hubiera podido estar en estado líquido en épocas pasadas más templadas, o incluso ahora bajo ciertas condiciones, lo que favorecería la capacidad del suelo marciano para albergar vida.

Los esfuerzos de los científicos se dirigieron entonces a buscar y analizar las huellas de agua pasada y para ello se diseñó el robot más grande y avanzado que jamás se había construido. Se trataba de un verdadero laboratorio científico rodante que estaba destinado a revolucionar nuestro conocimiento del planeta rojo: la curiosidad llegaba a Marte.

La curiosidad llega a Marte

La misión Mars Science Laboratory (MSL) aterrizó en Marte el 6 de agosto de 2012 en el cráter Gale, cerca del ecuador marciano. La misión consistía en un vehículo con ruedas, bautizado con el nombre de Curiosity. El róver Curiosity forma parte de la tercera generación de robots con ruedas que la NASA envía a Marte. Es el mayor vehículo enviado hasta el momento, superando con mucho en tamaño y peso a todos los precedentes, y mayor incluso que todos los módulos aterrizadores estacionarios (con patas) enviados hasta ahora. Con cerca de 900 kg de peso, tiene el tamaño de un automóvil pequeño con 2,9 m de longitud, sin contar el brazo articulado, 2,7 m de ancho y 2,2 m de alto, hasta el tope del mástil. Cuenta con seis grandes ruedas de 50 cm de diámetro cada una.

El cráter Gale tiene un diámetro de 154 km y está situado en el hemisferio sur, en las proximidades del ecuador marciano. Se cree que se formó entre hace 3.800 y 3.500 millones de años. Uno de los rasgos más destacados de Gale es el monte situado aproximadamente en su centro y que ocupa un tercio de la superficie del cráter. Este monte, conocido como Aeolis Mons, tiene 5 km de altura. La zona de aterrizaje de Curiosity estaba concretamente en la cara septentrional de la montaña. Las capas sedimentarias que se han observado desde órbita en las zonas escarpadas de su base indican que el cráter estuvo cubierto de agua en el pasado, pudiendo haber sido un lago.

El objetivo científico global de la misión MSL es explorar y evaluar cuantitativamente la habitabilidad de Marte en el cráter Gale. Para ello cuenta con la instrumentación científica más sofisticada enviada a Marte hasta el momento: cámaras avanzadas, espectrómetros, detectores de neutrones, microscopios, detectores de radiación, analizadores mineralógicos y atmosféricos. En total, 90 kg de instrumentos entre los que hay uno muy espacial. La misión MSL representó un antes y un después para la exploración espacial en España. Por primera vez en su historia, nuestro país participaba en una misión espacial a otro planeta liderando un instrumento científico. Un equipo de más de 200 personas entre ingenieros y científicos y un consorcio de centros de investigación y empresas del sector aeroespacial españolas, liderados desde el

Centro de Astrobiología (centro mixto del CSIC y del INTA), diseñaron y construyeron REMS (Rover Environmental Monitoring Station), una estación medioambiental dotada de una serie de sensores que se encargaría de la evaluación ambiental de la zona de Marte por la que se desplazara el róver. Pero la participación española en la misión no se quedó ahí, pues la antena de alta ganancia que utiliza el róver para el envío de datos a la Tierra ha sido desarrollada íntegramente en España.

En el aterrizaje se desplegó una tecnología totalmente novedosa. Debido a su peso y tamaño, el sistema de frenado por retrocohetes o por airbags era inviable, por lo que hubo que desarrollar un procedimiento totalmente diferente. Es lo que se denominó "grúa espacial" (Skycrane, en terminología NASA). Las fases de entrada y de descenso se hicieron de la manera clásica, utilizando un escudo térmico y un paracaídas, respectivamente. La novedad estuvo en la parte final. Un sistema de retrocohetes frenó la plataforma que contenía el róver hasta prácticamente detenerla en el aire a unos 20 m de altura. En ese momento la grúa espacial entró en funcionamiento, descolgando con un sistema de cables el róver desde la plataforma estacionaria y depositando suavemente el róver sobre el suelo marciano. Al producirse el contacto de las ruedas con el suelo, unas cargas pirotécnicas cortaron los cables y fue entonces cuando la plataforma, liberada del peso del róver y aún con los retrocohetes en funcionamiento, se alejó de la zona de aterrizaje y terminó cayendo sin peligro en una zona alejada varios kilómetros de la zona de aterrizaje. Lo más increíble de todo es que el sistema funcionó a la perfección (¡y a la primera!) y todos los que vivimos el momento del aterrizaje en directo fuimos testigos de la llegada de la comunicación que indicaba que todo había ido bien. Poco después, la llegada de la imagen de las ruedas del róver descansando sobre suelo marciano quedó en nuestra memoria como uno de los grandes logros de la humanidad. Y España podía sentirse, por primera vez en la historia, partícipe de ese logro. Habíamos llegado a Marte.

Los resultados más relevantes obtenidos por Curiosity hasta el momento son:

- El cráter Gale fue un antiguo lago, pues se han hallado evidencias de la presencia de agua líquida durante largos periodos de tiempo en el pasado. Cuando Curiosity llegó a la base de Aeolis Mons, descubrió más de 300 m de sedimentos verticales correspondientes a antiguos lechos, ahora secos, de lagos poco profundos en el cráter Gale, que pudieron mantenerse con agua líquida durante millones de años.
- El Marte primitivo fue un lugar adecuado para la vida. Curiosity encontró azufre, nitrógeno, oxígeno, fósforo y carbono al analizar rocas. Se trata de elementos químicos clave para la vida, lo que indica que Marte tuvo la química adecuada para posibilitar la aparición de organismos vivos.
- Se ha encontrado carbono orgánico en las rocas de Marte. Este hallazgo permite plantear la posibilidad de que la vida haya podido aparecer en Marte, del mismo modo que lo hizo en la Tierra. También indica que podría haber compuestos orgánicos preservados de esa época que servirían para probar la existencia de vida pasada.
- Se ha detectado metano en la atmósfera de Marte. El descubrimiento de metano en el cráter Gale representa un verdadero enigma para los astrobiólogos, puesto que el metano puede ser producido por organismos vivos (metanógenos) o por reacciones químicas en rocas, en presencia de agua líquida. ¿Qué proceso está produciendo metano en Marte? Todavía no lo sabemos.
- Los niveles de radiación podrían representar riesgos para la salud de los seres humanos. Este descubrimiento es crucial para preparar la exploración humana de

Marte y servirá para diseñar las futuras misiones de forma segura.
- Marte dispuso en el pasado de una atmósfera más densa y más agua. Los análisis indican que Marte ha perdido gran parte de su atmósfera original y de su agua, expulsadas al espacio a través de las capas superiores de su atmósfera.

El objetivo global de la misión es, por tanto, aumentar nuestro conocimiento sobre las condiciones pasadas, pero también actuales, de habitabilidad de Marte. Aun así, la intención es ir más allá de determinar si Marte alberga o albergó vida alguna vez, pues este conocimiento servirá también para preparar la futura exploración humana del planeta rojo. Aunque pueda parecer lejano el día, el ser humano está destinado a pisar la superficie de Marte. La curiosidad lo llevará allí, quizá antes de lo que imaginamos.

La gran familia de satélites marcianos

Durante el siglo XX las diferentes agencias espaciales del mundo han conseguido enviar con éxito una gran flota de naves espaciales con el objetivo de estudiar Marte desde la órbita, tomando el relevo de los orbitadores que iban "jubilándose" con el paso de los años. A los Mars Odyssey y Mars Express ya citados anteriormente, enviados en 2001 y 2003, respectivamente, se sumó, en primer lugar, la estadounidense Mars Reconnaissance Orbiter (MRO), que llegó a Marte en marzo de 2006 y todavía sigue operativa.

En 2011 se produjo de nuevo un *annus horribilis* para las misiones con destino a Marte, con dos fracasos en un solo lanzamiento. La misión doble ruso-china Phobos-Grunt/Yinghuo-1, lanzadas ambas en el mismo cohete, no consiguieron poner rumbo a Marte por un mal funcionamiento del lanzador.

Parece que los rusos no tienen suerte con Marte, después de todo. Ese mismo año, la misión MSL consiguió poner rumbo a Marte sin novedad, llegando un año después.

Las dos siguientes ventanas de lanzamiento fueron muy positivas y permitieron aumentar la familia de orbitadores en Marte. En el año 2013 se lanzaron dos misiones, llegando ambas sin problemas. La primera de ellas era la primera misión de la India con destino a Marte, la Mars Orbiter Mission (MOM), también denominada Mangalyaan ('nave de Marte', en hindi), y la segunda era la misión estadounidense Mars Atmosphere and Volatile EvolutioN (MAVEN). Ambas siguen en funcionamiento.

Finalmente, en 2016, la ESA junto con la Agencia Espacial Rusa (Roscosmos) enviaba la misión Exomars 2016. La misión comprendía dos naves, un orbitador y un módulo aterrizador, lanzados juntos en marzo de 2016. El orbitador, denominado Exomars-TGO (de Trace Gas Orbiter, 'orbitador de gases traza') consiguió llegar sin contratiempo a Marte en octubre de 2016 y situarse, tras diversas maniobras de aerofrenado, en su órbita circular definitiva el 9 de abril de 2019, a unos 400 km de altitud. El módulo aterrizador, bautizado como Schiaparelli, era un demostrador del procedimiento de entrada, descenso y aterrizaje (EDL), diseñado para probar las tecnologías necesarias para el aterrizaje de futuras misiones en Marte. Por desgracia, el módulo no consiguió aterrizar con éxito, estrellándose contra el suelo el 16 de octubre de 2016. Esperemos que, a pesar del fracaso de este módulo, la futura misión que la ESA y Roscosmos planean enviar a Marte en 2022, la Exomars 2022, que consiste en la plataforma rusa Kazachok y el róver europeo Rosalind Franklin, consiga hacer bueno el dicho de "a la tercera va la vencida", aterrice con éxito en Marte y termine con la maldición marciana de los rusos y europeos.

La última misión en llegar y completar el desembarco robótico en Marte ha sido la primera que ha ido más allá de la superficie y pretende adentrarse en el corazón del planeta rojo.

Tomándole el pulso a Marte

La misión estadounidense InSight aterrizó en Elysium Planitia, en el hemisferio norte marciano, el 26 de noviembre de 2018. Se trata de una plataforma fija que replica la estructura de la plataforma de la misión Phoenix, aunque con diferentes instrumentos a bordo: un sismómetro, un penetrador, dos cámaras, sensores atmosféricos de presión, temperatura y viento, un magnetómetro y un radiómetro.

Entre estos instrumentos se encuentran dos sensores meteorológicos en la cubierta superior, cada uno de ellos con sensores de velocidad y dirección del viento y de temperatura. Estos dos sensores idénticos, denominados TWINS (sensores de temperatura y viento para InSight), forman el segundo instrumento español en Marte. Juegan un importante papel dentro de la misión, pues además de servir para modelizar la atmósfera marciana, tienen una aportación capital en el estudio sísmico que esta misión está realizando del planeta rojo. Como en el caso del instrumento REMS a bordo de Curiosity, TWINS ha sido proporcionado por el Centro de Astrobiología (CSIC-INTA). Con ambos instrumentos funcionando en Marte, España es el único país con dos estaciones medioambientales operativas actualmente en Marte. Ya lo consiguió anteriormente Estados Unidos con las estaciones a bordo de los módulos Viking y con los sensores a bordo de los MER.

El objetivo de InSight es netamente geofísico: determinar la composición y estructura interior de Marte, así como el estado térmico, la sismicidad y la tasa de creación de cráteres de impacto actuales. Después de comprobar el entorno de la plataforma con las cámaras y evaluar la mejor ubicación, un brazo robótico a bordo colocó sobre la superficie de Marte dos de los instrumentos: el sismómetro y el penetrador. Era la primera vez que se colocaban dos instrumentos sobre la superficie de otro planeta.

El sismómetro inició las medidas 72 soles después del aterrizaje y los datos recopilados en los primeros 168 soles, hasta el 31 de julio de 2019, confirmaron que Marte es un planeta activo sísmicamente. En ese periodo se detectaron un total de 450 eventos sísmicos, 24 de los cuales llegaron a magnitudes comprendidas entre 3 y 4, y sus puntos de origen se situaban tanto a nivel local como a distancias tan lejanas como Cerberus Fossae, un sistema de fracturas situado a unos 1.500 km de distancia de InSight.

Las medidas del magnetómetro indican que el campo magnético local, considerado el resto de un antiguo campo magnético global, resulta ser diez veces más intenso que las estimaciones orbitales, lo que constituye una sorpresa para los investigadores.

El instrumento que ha sufrido peor suerte ha sido el penetrador, un cilindro de unos 40 cm de longitud que fue bautizado como el topo. Su objetivo es estudiar el estado térmico del subsuelo, midiendo el flujo de calor a diferentes profundidades, hasta 5 m. Diseñado para percutir como un martillo pilón y no para taladrar, comenzó a excavar el 28 de febrero de 2019. Desde el principio se vio que algo iba mal, pues solo consiguió llegar a unos pocos centímetros de profundidad, sin llegar a penetrar totalmente en el terreno.

Para averiguar la causa impedía excavar al topo se tomó la arriesgada decisión de levantar el instrumento unos centímetros y moverlo a un lado para ver directamente el topo y su agujero. La maniobra, que duró tres días marcianos para evitar riesgos, se completó el 28 de junio de 2019. El agujero tenía, aproximadamente, el doble del diámetro del topo, lo que indicaba que este se había estado moviendo lateralmente al no poder seguir hacia abajo. Esto significaba que o bien el suelo era demasiado fino y no se compactaba correctamente alrededor del topo, que se quedaba sin fricción y no podía seguir excavando o bien que el terreno era más duro de lo esperado. Dado que no se había previsto un problema como este y que la solución a cualquier problema en Marte se debe buscar con lo que allí hay, se determinó compactar el suelo alrededor del topo usando la pala del brazo robótico para conseguir la fricción necesaria a su alrededor y ayudarle a penetrar. Esta solución funcionó parcialmente, pero el topo seguía sin penetrar. Finalmente se optó por "empujar" el topo directamente con la pala del brazo para ayudarlo a penetrar. Parece que esta solución funcionó y ahora el topo trata de adentrarse en el terreno para completar su misión.

El gran desembarco robótico de 2021

Finalizamos el capítulo con la ventana de 2020, en la que se han enviado tres misiones a Marte, cada una de ellas pionera. La primera es la misión Emirates Mars Mission (EMM), también conocida como Hope ('esperanza', en inglés). Lanzada a Marte el 17 de julio de 2020, es la primera misión interplanetaria de una nación árabe. Se trata de un orbitador que estudiará la atmósfera marciana con cámaras y espectrómetros, y cuya órbita definitiva permitirá a la nave ver la superficie de Marte en cualquier momento del día.

La segunda se puede considerar como el asalto chino de Marte. Se trata de la misión Tianwen-1 (algo así como 'búsqueda de la verdad celestial', en chino), que consta de un orbitador y un róver. La misión contará con 13 instrumentos, 8 en el orbitador y 5 en el róver, y realizará estudios del campo magnético y gravitatorio, analizará rocas y suelo, y registrará valores ambientales. La misión partió hacia Marte en 23 de julio de 2020 y una vez en órbita marciana, estudiará la mejor zona de aterrizaje del róver, denominado HX-1 y cuyo tamaño es un poco menor que el de los MER estadounidenses.

La última misión con destino a Marte en 2020 fue la estadounidense Mars 2020, lanzada el 30 de julio. Consiste en un róver, el quinto que envía la NASA a Marte, bautizado como Perseverance, y que, con algunas pequeñas modificaciones, es prácticamente un gemelo del róver Curiosity. El aterrizaje en Marte, previsto para el 18 de febrero de 2021, se producirá en el cráter Jezero, de 45 km de diámetro y situado al norte de la zona de Isidis Planitia. La zona de aterrizaje es un antiguo delta fluvial, lugar ideal para buscar evidencias de vida pasada en Marte, objetivo principal de la misión. Con siete instrumentos a bordo, lo más relevante de esta misión es que recolectará muestras del suelo de Marte que quedarán selladas y se traerán a la Tierra en una misión futura. Además, también se van a probar diferentes tecnologías para preparar la futura exploración humana del planeta rojo. En concreto, uno de los instrumentos servirá para probar si es posible obtener oxígeno a partir del dióxido de carbono atmosférico de Marte. También es relevante señalar la participación española de la misión. Uno de los instrumentos a bordo, denominado MEDA (Mars Environmental Dynamics Analyzer, analizador de la dinámica medioambiental de Marte) y liderado por el Centro de Astrobiología, podría convertirse en la tercera estación medioambiental española en Marte, un logro que ningún otro país ha logrado en la historia. Además, como en el caso del róver Curiosity, Perseverance contará con una antena de alta ganancia *made in Spain*. Y, por último, se probará por vez primera un ingenio volador en otro planeta. Bautizado como Ingenuity, se trata de un pequeño helicóptero colocado en el interior del róver que, una vez depositado sobre el suelo, realizará vuelos autónomos de prueba para comprobar la capacidad de sustentación de las palas y para explorar el entorno. El primer vuelo que haga en 2021 marcará un hito histórico para la humanidad. Seremos testigos de este logro del ingenio humano, recordando a todos aquellos que dejaron volar su imaginación sobre los paisajes de Marte.

CAPÍTULO 4

Los enigmas actuales de Marte

A la vista de los descubrimientos realizados por las misiones que han viajado a Marte desde mediados del siglo pasado, la nueva imagen del planeta rojo se ha convertido en el mejor escenario para buscar respuesta a una de las grandes cuestiones de la ciencia: ¿existe vida similar a la de la Tierra en otras partes del universo?

Tras décadas de exploración robótica, sabemos que Marte tuvo, como la Tierra, actividad volcánica y una atmósfera más densa que la actual, lo que convierte el ambiente primitivo del planeta rojo en un lugar de gran interés. Y mucho más cuando se detectó la presencia de grandes cantidades de hielo de agua almacenada tanto en los polos como en capas subsuperficiales y se observaron en el paisaje marciano lo que parecían, sin lugar a duda, cuencas fluviales, pues estos hallazgos indicaban que, en algún periodo de su pasado, Marte tuvo agua líquida en cantidad apreciable que fluyó por su superficie. Es indudable, por tanto, que si el Marte primitivo tenía unas condiciones similares a la Tierra primitiva, es plausible suponer que la vida que se originó en la Tierra pudo haberse originado también en Marte. Las últimas misiones enviadas a la superficie de Marte, y las futuras, van precisamente tras las huellas de ese ambiente primitivo con el objetivo de confirmar si Marte estuvo o no habitado en el pasado. Hoy por hoy se considera que el agua líquida es esencial para la aparición de la vida. Es un componente necesario para la vida, aunque no suficiente, pues es el disolvente ideal para las reacciones bioquímicas y proporciona las condiciones necesarias para que se produzca la combinación de las moléculas prebióticas simples en microorganismos biológicos. Pero es necesario saber durante cuánto tiempo las condiciones en Marte permitieron al agua mantenerse en estado líquido en la superficie.

¿Como dos gotas de agua?

Desvelar la historia del agua en el Marte primordial es una de las piezas clave para resolver el rompecabezas de la posible vida en el planeta rojo. En la Tierra, los seres vivos han prosperado durante más de 3.500 millones de años desarrollando las capacidades necesarias para adaptarse a un enorme rango de condiciones ambientales, desde fuentes hidrotermales, regiones de permafrost, regiones del subsuelo, zonas extremadamente secas y áridas, aguas ácidas, rocas o cristales de sal. Por el contrario, si alguna vez hubo vida en Marte, esta debió de originarse y prosperar en las épocas tempranas del planeta, probablemente en sus primeros 1.000-1.200 millones de años, que es cuando el agua pudo mantenerse líquida en la superficie. Por lo tanto, debemos suponer que, en ese breve lapso en términos geológicos, y como pasó en la Tierra en su época temprana, la posible vida de Marte no tuvo tiempo para evolucionar más allá de los organismos unicelulares simples. ¿Es posible, por tanto, que existiera vida en la historia primitiva de Marte cuando era más parecido a la Tierra? Probablemente, sí. Y, si existió, ¿puede encontrarse todavía en algún lugar de Marte? La búsqueda de esas reliquias es uno de los objetivos primarios de la exploración de Marte. El primer indicio lo tenemos en el agua.

El ciclo del agua en Marte

El ciclo hidrológico actual de Marte comprende la circulación de vapor de agua en la atmósfera, la condensación de nubes de hielo y la formación de heladas en la superficie. Presenta grandes variaciones estacionales y geográficas, y tiene una gran influencia en la climatología y la química atmosférica del planeta. Dado que la atmósfera de Marte ha sufrido cambios a lo largo de millones de años, este ciclo también ha sufrido variaciones que han tenido un gran impacto tanto en la geología reciente de Marte, como en la climatología y la habitabilidad a lo largo del tiempo.

Gracias a los análisis realizados desde órbita y a las simulaciones numéricas creadas a partir de modelos climáticos, ha sido posible estudiar los procesos que conforman el ciclo del agua en Marte. Durante el verano, el hielo de agua de los casquetes polares, que ha quedado expuesto tras desaparecer la capa superior de hielo de dióxido de carbono (hielo seco) que lo cubre, sublima en grandes cantidades en forma de vapor de agua. Este vapor de agua se distribuye globalmente por la acción de los vientos y termina por condensar de nuevo en los polos con la llegada de nuevo del invierno. En algunos lugares, los procesos locales inducen la condensación de nubes, delgadas en comparación con las de la Tierra, pero que juegan un importante papel en el transporte de agua y en el clima global general a través del efecto radiactivo de atenuación de la radiación solar.

Existen lugares, incluso fuera de las regiones polares, donde el vapor de agua puede condensarse en la superficie, formando finas capas heladas, que pueden durar desde unas pocas horas, durante la noche cuando bajan las temperaturas, hasta varias semanas, si ocurre durante el otoño y el invierno. Este depósito de heladas también es un factor importante en la variabilidad anual del ciclo del agua. Por último, el regolito (la capa de material fino que forma el suelo) marciano también juega un papel como depósito estacional de agua.

A pesar de los datos y del uso de modelos para simular el ciclo del agua, varios aspectos del ciclo siguen siendo todavía enigmáticos, como la distribución vertical del vapor de agua y su ciclo diurno. Será necesario ampliar y mejorar los datos para refinar los modelos climáticos y que reproduzcan correctamente las observaciones. Precisamente estos modelos climáticos mejorados nos ayudarán a resolver algunos enigmas de la atmósfera marciana, como el enigma del metano.

El enigma del metano en Marte

Continuando con la búsqueda de indicios de vida, la detección de metano en la atmósfera de Marte, realizada primero desde la Tierra por medio de telescopios en 2003, después por Mars Express desde órbita en 2004, representó una verdadera incógnita. Esta detección plantea algunas preguntas fundamentales como el origen del metano de Marte o el periodo en que se originó. En la Tierra, el metano de la atmósfera tiene un origen mayoritariamente biológico, por lo que su detección en Marte tiene importantes implicaciones para una posible vida marciana.

Se debe distinguir entre lo que se denomina origen y fuente del gas. El primero se refiere al proceso de formación, mientras que el segundo se refiere al lugar de emisión, por lo general desde el lugar donde se encuentra almacenado. El metano de la Tierra tiene origen tanto biológico como abiótico. El biológico, a su vez, puede ser de dos tipos, biogénico y termogénico. El metano biogénico es producido por organismos que generan metano a través de su metabolismo (metanogénicos) tanto vivos como fosilizados. El metano termogénico, en cambio, es originado por la degradación de la materia orgánica. En la Tierra, el metano atmosférico es fundamentalmente de origen biogénico, procedente del metabolismo de organismos vivos.

Por su parte, el metano de origen abiótico puede ser también de dos tipos. De origen volcánico, liberado por procesos planetarios de desgasificación, y de origen hidrotermal, ocasionado por la interacción entre rocas y fluidos acuosos, incluyendo el proceso conocido como serpentinización, que es la alteración, en presencia de agua líquida, de rocas ricas en olivino (silicato de magnesio y hierro) cuyo resultado es la formación de un tipo de minerales hidratados denominados serpentinas (de ahí su nombre). Las rocas ricas en olivino son abundantes en Marte, habiéndose detectado desde órbita en zonas como Nili Fossae o Syrtis Major. Aunque en la Tierra los procesos de serpentinización producen una aportación despreciable en el volumen total de metano en la Tierra, se cree que podría ser el origen principal del metano en Marte, puesto que la Mars Express detectó señales anómalamente altas de este gas en regiones de Marte cuyas características geológicas indicaban haber tenido una historia asociada a flujos de agua en el pasado, como Terra Sabae, Nili Fossae y Syrtis Major.

Independientemente de su origen, el metano originado en las zonas subsuperficiales se almacena en los denominados reservorios geológicos, como las rocas porosas o las intercapas entre zonas impermeables en cuencas sedimentarias, o en el interior de estructuras cristalinas como los clatratos. Los clatratos de gas son sólidos cristalinos formados por una red de moléculas de agua en los que las cavidades son ocupadas por moléculas de gas como, por ejemplo, el metano. Dicha estructura se estabiliza en condiciones de alta presión y baja temperatura, siendo muy sensible a las variaciones bruscas de dichas condiciones. En Marte no se han detectado clatratos de manera directa, aunque se cree que deben de ser abundantes en el planeta rojo, por lo que podrían llegar a almacenar una gran cantidad de gases, entre ellos metano.

El gas atrapado en los reservorios geológicos es expulsado a la atmósfera cuando los depósitos sufren algún tipo de perturbación, como las fracturas provocadas por la actividad tectónica o la creación de canales por el ascenso de lavas, que producen la liberación hacia la superficie. Así, la migración del metano de los reservorios a las fuentes ocurre por diferentes procesos. En los depósitos sedimentarios, a través de filtraciones en el substrato a diferentes escalas, creando estructuras particulares como los denominados volcanes de barro. En los depósitos ricos en clatratos, por la destrucción de estos hielos como resultado de cambios de presión o de temperatura, dando como resultado un terreno con aspecto caótico tras la desgasificación. Localizar las estructuras características producidas por la emisión del gas permite hacer una estimación del metano acumulado en el subsuelo de Marte. Para determinar la cantidad y la estabilidad de los reservorios de gas del subsuelo es necesario mejorar el conocimiento del clima actual de Marte y la interacción de la atmósfera con el subsuelo.

Tras las detecciones iniciales de 2003 y 2004, el metano marciano empezó a jugar al despiste. Mientras que nuevas detecciones apoyaban los resultados iniciales, otras mediciones no encontraron el menor rastro del gas, como fue el caso del róver Curiosity desde su llegada al cráter Gale en la superficie de Marte en agosto de 2012. Se trataba de datos desconcertantes.

Entre finales de 2013 y comienzos de 2014, el róver Curiosity midió un aumento en los niveles de metano en el cráter Gale en un factor de 10, en cuatro ocasiones diferentes. Si bien las proporciones de metano detectadas eran muy inferiores a las terrestres, los datos indicaban de manera inequívoca que Marte está produciendo metano en episodios puntuales y desde una fuente desconocida. Esta rápida aparición y desaparición del metano en un lugar tan concreto es muy rara. Lo esperado sería que el metano liberado, ya fuese de origen geológico o biológico, se distribuyera rápidamente por la atmósfera marciana, donde la intensa radiación ultravioleta solar lo iría destruyendo a lo largo del tiempo. Los modelos fotoquímicos establecen que la vida media de las moléculas de metano en la atmósfera marciana es de unos 300 años. Nada de esto parece ocurrir en Marte; al contrario, el metano parece surgir de repente en ciertas regiones, donde se destruye tan rápida y misteriosamente como aparece, mucho más de lo que la fotoquímica por sí sola puede explicar. Si se admite la presencia de metano en Marte, parece claro que todavía queda mucho que aprender sobre su origen y destrucción.

En junio de 2018, los nuevos datos obtenidos por el Curiosity añadieron una pieza fundamental al rompecabezas. Los niveles de metano parecían seguir una variación estacional, aumentando su nivel al final del verano y disminuyendo al final del invierno. Los datos en la superficie fueron confirmados posteriormente desde la órbita marciana. La Mars Express detectó el mismo aumento debido al metano en el cráter Gale medido por el Curiosity, un día después que este. Por primera vez, un mismo episodio de detección de metano era confirmado simultáneamente por dos vías independientes. Se trataba de una excelente noticia en la búsqueda de explicaciones al enigma. Una posible explicación sería suponer la existencia de depósitos de metano en el subsuelo que serían liberados por el calentamiento del suelo debido al Sol. Las variaciones estacionales detectadas se explicarían por los cambios producidos por la radiación solar en la adsorción de la superficie, que provocaría la posterior liberación.

Sin embargo, casi de forma simultánea, llegaban de nuevo noticias desconcertantes. La misión Exomars TGO, con una sensibilidad sin precedentes y capaz de detectar trazas minúsculas de gases en la atmósfera marciana, no detectó el más mínimo rastro de metano en la atmósfera de Marte. ¿Dónde estaba el metano? ¿Cómo encajar ambos resultados? En realidad, es posible. Las observaciones de la Mars Express y la Exomars TGO no son incompatibles, ya que sus mediciones se realizaron en diferentes momentos, de modo que sus datos no se contradicen. Una explicación es que el metano, una vez liberado, no se distribuye por la atmósfera, como indican los modelos atmosféricos actuales, sino que es destruido rápidamente o "desaparece" cerca de la superficie por algún proceso todavía desconocido e inexplicado. Si la no detección de metano en Marte es lo "esperable", entonces las detecciones de metano solo pueden ocurrir ocasionalmente, justo cuando los orbitadores o los róveres se encuentran en el lugar correcto en el momento adecuado: sobre la fuente en el momento de la liberación del gas.

A pesar de que finalmente todas las piezas parezcan encajar para explicar la dinámica del metano marciano, aún queda por resolver una gran incógnita: ¿cuál es el mecanismo capaz de eliminar el gas en la atmósfera tan rápidamente? En junio de 2019, el róver Curiosity pasó de detectar la mayor concentración de metano que jamás había medido a ver cómo esos niveles se reducían más de 20 veces en solo unos días. Se trataría de un mecanismo de destrucción del metano muy rápido, de días y no de meses. El enigma continúa.

Por si el misterio del metano no fuera suficiente, recientemente se ha detectado también la presencia de oxígeno gaseoso en la atmósfera de Marte en una proporción que no puede ser explicada por los modelos actuales. Los gases que componen la atmósfera circulan y se redistribuyen a lo largo del año debido a los cambios producidos en la presión atmosférica por el ciclo estacional del dióxido de carbono. El dióxido de carbono se congela y se acumula en los polos en otoño e invierno, lo que provoca un descenso de la presión y una redistribución del gas. Posteriormente, en primavera y verano el hielo de dióxido de carbono sublima, mezclándose de nuevo con el resto de los gases y haciendo aumentar la presión. Es de esperar que el resto de los gases de la atmósfera muestren un comportamiento estacional predecible según este modelo del ciclo del dióxido de carbono. Ya hemos visto anteriormente que el agua posee también su propio ciclo, ligado al del dióxido de carbono. En el caso del nitrógeno y el argón, estos gases siguen el patrón estacional: su concentración aumenta o disminuye en función de la cantidad de dióxido de carbono presente. En cuanto al oxígeno, el aumento producido durante la primavera y el verano excede en un 30% lo que predicen los modelos, para después disminuir a los niveles predichos. Este patrón se repite anualmente, por lo que hay algún proceso desconocido que, como pasa con el metano, crea y destruye ese gas. El metano y el oxígeno disminuyen en otoño e invierno, y no se sabe por qué. Como le pasaba al metano, si la desaparición del oxígeno atmosférico fuera debida a la radiación ultravioleta solar, se requerirían tiempos mucho más largos para conseguirlo, en torno a 10 años. Es decir, como pasa con las variaciones del metano marciano, aún hemos de encontrar una explicación a este enigma, aunque es posible que ambos guarden relación.

Terremotos marcianos. El pulso de un planeta vivo

Uno de los más recientes y destacados resultados obtenidos de la exploración de Marte ha sido el descubrimiento de que el planeta rojo es un planeta todavía activo sísmicamente. Comparando la actividad del interior de Marte con la de la Tierra y la Luna, Marte presenta mayor actividad que la Luna, pero menor que la Tierra. Los análisis de las ondas sísmicas detectadas por la misión InSight apuntan a que la corteza se encuentra bastante fragmentada hasta los 10 km de profundidad, con una corteza consolidada y estable por debajo, que no llega a fragmentarse en placas tectónicas. Esta capa fragmentada, compuesta por un regolito poroso y fracturado bastante grueso, ha sido alterada, no solo por los impactos de meteoritos, sino también por la actividad del Marte primitivo, cuando hace miles de millones de años fluía agua en su corteza y en su superficie.

En la Tierra, la mayor parte de la actividad sísmica se origina en los límites de placas tectónicas por la deriva continental, algo de lo que carece Marte, que probablemente no llegó a tener su corteza fracturada. Los terremotos marcianos son el resultado de la actividad residual del planeta debida al proceso de enfriamiento que ha ido produciéndose a lo largo de miles de millones de años. Lo que se deduce de los datos es que este enfriamiento no ha sido tan rápido como indicaban los modelos, dado que la actividad detectada es mayor que la prevista por esos modelos del interior marciano. Es necesario, por tanto, seguir refinando los modelos del interior de los planetas telúricos y establecer con mayor precisión la contribución al modelo de cada una de las dos fuentes de calor interno del planeta: el calor residual de la formación planetaria y la desintegración de isótopos radiactivos.

Respecto a la actividad sísmica observada hasta ahora, la mayoría de los temblores detectados son de muy baja intensidad y se originan sobre todo en la superficie. Se trata de zonas en las cuales la corteza libera la tensión generada al contraerse a medida que el planeta se enfría. Los terremotos de mayor intensidad detectados no llegan a una magnitud superior a 4, siendo más escasos y profundos. Al disponer de un único sismómetro en Marte, triangular la posición de los terremotos detectados no es tarea fácil, aunque puede hacerse. Se ha determinado que la zona más activa, sísmicamente hablando, es el sistema de fracturas de Cerberus Fossae, situado a unos 1.500 km del lugar donde está InSight. Se trata de una zona geológicamente joven, originada hace unos pocos millones de años, y con claras evidencias de vulcanismo reciente. Eso significa que esta región, con probable actividad sísmica durante los últimos millones de años, todavía mantiene esa actividad con frecuentes terremotos de magnitudes moderadas cuyo origen estaría seguramente en el proceso de enfriamiento del magma subterráneo.

Se necesitan detecciones de temblores de intensidad elevada para poder obtener información suficiente sobre uno de los secretos mejor guardados de Marte, su estructura interior. Un terremoto suficientemente intenso permitiría penetrar más allá de la corteza y sus efectos se notarían miles de kilómetros por debajo de la superficie, abriendo a los sismólogos la puerta que conduce al corazón del planeta rojo: el núcleo metálico. La no detección de temblores intensos hasta el momento significa que InSight ha llegado a Marte en un momento de poca actividad, así que será cuestión de esperar.

Marte, objetivo astrobiológico

La astrobiología es el estudio del fenómeno de la vida en el marco global del universo. Ambas palabras, universo y vida, unidas, dan una idea de la importancia de la empresa. Desvelar si la vida es un fenómeno único e irrepetible o si se trata de un fenómeno común y replicable puede considerarse uno de los grandes objetivos de la astrobiología, pero también de la ciencia en general. A lo largo de este libro se ha mostrado que Marte se considera un lugar clave para la búsqueda de vida más allá de la Tierra, pues los datos indican que la vida pudo haber llegado a aparecer en el planeta rojo. Marte es, a día de hoy, el principal objetivo astrobiológico, pues podría ser el primer lugar donde se descubran pruebas inequívocas de la existencia de vida fuera de la Tierra.

Todos los enigmas expuestos a lo largo del presente capítulo indican la importancia de continuar con la exploración de Marte. Hasta ahora, sin contar con el experimento "biológico" inconcluyente de las misiones Viking de los años setenta del siglo pasado, la exploración robótica de Marte ha consistido, básicamente, en evaluar la habitabilidad del ambiente marciano y rastrear posibles signos indirectos de vida, con resultados muy prometedores. Las misiones futuras continuarán estos estudios, pero también se retomará la búsqueda directa de rastros de vida tanto *in situ* como a través de la recolección de muestras de suelo marciano para ser traídas y analizadas en la Tierra.

Guiados por la única versión de vida que conocemos, lo que hacemos en realidad es buscar otras versiones de los organismos terrestres bajo la hipótesis de que la chispa que se inició en la Tierra pueda haberse iniciado en otros lugares bajo condiciones similares. Cuando se habla de la posibilidad de encontrar vida fuera de la Tierra se suele añadir la frase: vida, tal como la conocemos. Aunque parezca, *a priori*, una restricción, el concepto de vida tal como la conocemos es realmente amplio, pues la variedad de formas de vida en nuestro planeta es enorme. El apelativo "tal como la conocemos" se refiere, más bien, al hecho de que, en cuanto a la base bioquímica de la vida, esta es bastante simple, pues está basada en seis elementos químicos (C, H, O, N, P y S), agua líquida y energía. ¿Son estas las únicas condiciones bajo las cuales la vida podría prosperar? Es necesario averiguar cómo la vida podría evolucionar en otros entornos en los que la bioquímica sea diferente. Los científicos se plantean si otros tipos de vida son viables y cómo podríamos encontrarla.

Buscar vida es adentrarse en terreno desconocido y transitar caminos inexplorados, siendo conscientes de lo limitada que es nuestra capacidad para reconocer la vida que conocemos y estar preparados para descubrir vida como no la conocemos. Ese es el enigma de la vida y Marte puede ayudarnos a desvelarlo.

EPÍLOGO

¿Seremos una raza planetaria?

No cabe duda de que en Marte se halla la clave para desvelar el enigma de la vida en el universo. Su pasado tan parecido a la Tierra nos puede ayudar a entender los posibles caminos de la vida para llegar a prosperar en los entornos planetarios existentes en el universo. Y su habitabilidad actual puede servirnos para seguir poniendo a prueba los modelos de la evolución química a lo largo de millones de años. Llegados a este punto, el siguiente paso debe ser la exploración humana de Marte.

La presencia de seres humanos en la superficie de Marte aumentará sustancialmente la capacidad de investigación, por ejemplo, ayudando en las labores de perforación del terreno o realizando la toma de muestras de interés astrobiológico y su posterior análisis *in situ*. Así lo han entendido las agencias espaciales y desde hace ya una década al menos los esfuerzos se están dirigiendo hacia el desarrollo de lanzadores y vehículos tripulados que logren llevar a Marte y traerla de vuelta, de manera segura, a una tripulación humana. Después de algunos proyectos preliminares desarrollados por la NASA en los mandatos de los presidentes Bush y Obama, el actual presidente estadounidense Trump ha decidido apostar por el envío de astronautas a Marte antes de 2040. De ser así, el primer ser humano en pisar Marte ya ha nacido y tiene ahora entre 8 y 10 años (y si está en España, está ahora cursando 4° o 5° de Primaria, y podría estar leyendo estas líneas).

El actual programa de la NASA que busca enviar astronautas a Marte depende del desarrollo del vehículo tripulado de exploración Orión. Esta cápsula espacial se está diseñando para que pueda llevar a seres humanos a la Luna de nuevo para el año 2024, dentro del Programa Artemisa. Durante los años posteriores, mediante su fusión con vehículos dirigidos a Marte y montados en órbita, podría llevar a los primeros seres humanos al planeta rojo. La primera misión tripulada a Marte se prevé para el año 2033.

La exploración humana de Marte plantea, además, una importante cuestión que no debe pasarse por alto. La llegada de seres humanos a Marte contaminará biológicamente de manera irremediable el entorno marciano. Los sistemas de soporte vital y suministro de energía necesarios para que los astronautas puedan permanecer en Marte no pueden ser esterilizados de la misma manera que las naves robóticas que se envían actualmente al planeta rojo. Además, se producirán residuos y se interactuará con el entorno. El simple hecho de permanecer en Marte hará que los seres humanos contaminen el planeta.

Así pues, ¿debemos apresurarnos a encontrar vida genuinamente marciana mediante la exploración robótica o debemos correr el riesgo de la contaminación biológica terrestre para iniciar la exploración humana que nos ayude a obtener una respuesta definitiva a la cuestión de si Marte está habitado o es un planeta estéril?

Cuando llegue el momento y el primer ser humano ponga su pie en Marte, las premonitoras palabras que escribió Ray Bradbury, escritor estadounidense autor de *Crónicas marcianas*, con motivo del aterrizaje de las misiones Viking en 1976, resonarán de nuevo con fuerza: "Hoy hemos llegado a

Marte. Hay vida en Marte, y somos nosotros... Extensiones de nuestros ojos en todas direcciones, extensiones de nuestra mente, extensiones de nuestro corazón y nuestra alma han llegado hoy a Marte. Este es el mensaje: estamos en Marte. ¡Nosotros somos los marcianos!".

Bibliografía

Hay tantos libros sobre Marte que sería prácticamente imposible recopilarlos todos aquí. No obstante, el siguiente listado puede servir para profundizar en los aspectos tratados a lo largo del libro. La mayoría de las obras es reciente, con información actualizada. Para las lectoras y los lectores más "intrépidos", se añaden libros escritos en inglés e italiano.

Anguita Virella, F. (1998): *Historia de Marte: Mito, exploración, futuro*, Planeta, Barcelona.

Baker, D. (2013): *NASA Mars Rovers*, Haynes Publishing, Somerset.

Belluta, P. y Dalla Casa, S. (2014): *Autisti marziani*, Colección Chiavi di lettura, Zanichelli, Bolonia.

Bignami, G. F. (2010): *I marziani siamo noi*, Colección Chiavi di lettura, Zanichelli, Bolonia.

Caprara, G. (2016): *Rosso Marte*, De Agostini Libri, Novara.

Coradini, M. (2015): *Marte, l'ultima frontiera*, Colección Farsi un'idea, Il Mulino, Bolonia.

Ferreri, W. (2017): *Siamo soli nell'universo?*, Il Castello, Milán.

Hartmann, W. K. (2011): *Guía turística de Marte. Los misteriosos paisajes del planeta rojo*, Ediciones Akal, Madrid.

Johnson, S. S. (2020): *The Sirens of Mars: Searching for life in another world*, Penguin Books, Londres.

May, A. (2017): *Destination Mars*, Colección HotScience, Icon Books, Londres.

Pardo, E. y Durán Valsero, J. J. (2020): *Geología de Marte. Un planeta fósil*, Colección Planeta Tierra, Los Libros de la Catarata-IGME, Madrid.

Pyle, R. (2012): *Destination Mars*, Prometheus Books, Nueva York.

Schiaparelli, G. (2009): *La vida en Marte*, Colección Leer y viajar imaginario, Interfolio Libros, Madrid.

Straat, P. A. (2019): *To Mars with love*, Palmetto Publishing Group, Charleston.

VV AA (2019): *Marte, el próximo desafío espacial*, Edición especial Cosmos, National Geographic, RBA, Barcelona.

Weintraub, D. A. (2019): *Vida en Marte. Guía para futuros viajeros*, Ediciones Oberon, Madrid.

Zubrin, R. y Wagner, R. (2011): *The case for Mars*, Free Press, Nueva York.